XINXIHUA SHIDAI DE KEXUE PUJI

信息化时代的科学普及

■ 胡俊平 钟 琦 王黎明 著

科学出版社

北京

图书在版编目(CIP)数据

信息化时代的科学普及 / 胡俊平，钟琦，王黎明著. —北京：科学出版社，2017.10
（科普信息化丛书 / 王康友主编）
ISBN 978-7-03-054550-3

Ⅰ.①信… Ⅱ.①胡… ②钟… ③王… Ⅲ.①科学普及-信息化 Ⅳ.①N4

中国版本图书馆 CIP 数据核字（2017）第 230901 号

责任编辑：张　莉 / 责任校对：张小霞
责任印制：赵　博 / 封面设计：有道文化

科学出版社出版
北京东黄城根北街 16 号
邮政编码：100717
http://www.sciencep.com

北京市金木堂数码科技有限公司印刷
科学出版社发行　各地新华书店经销
*
2017 年 10 月第　一　版　开本：720 × 1000　1/16
2025 年　3 月第四次印刷　印张：14 5/8
字数：239 000

定价：98.00 元
（如有印装质量问题，我社负责调换）

序

习近平总书记在全国科技创新大会、两院院士大会和中国科学技术协会第九次全国代表大会上强调，科技创新、科学普及是实现创新发展的两翼，要把科学普及放在与科技创新同等重要的位置。总书记的讲话充分肯定了科普的突出地位、独特作用和历史使命，同时对科普事业的发展寄予了殷切的期望。

历经农业革命和工业革命，人类社会正处于信息革命的潮头浪尖。互联网越来越成为人们学习、工作、生活的新空间，越来越成为获取公共服务的新平台。让科技知识在网络和生活中流行，是科普工作者为之奋发蹈厉的发展愿景。为公众提供科学权威、喜闻乐见的科普内容是科普工作者的责任和使命，而科普只有与时俱进地创新发展，才能适应时代和公众的需求，使蕴藏在亿万人民中间的创新智慧充分释放、创新力量充分涌流。开展科普信息化建设正是打造更强的科学普及之翼、并使之与科技创新之翼均衡协调的最有效举措。

科普信息化从2014年着手顶层设计和规划，2015年正式启动建设项目。在政策环境方面，《中国科协关于加强科普信息化建设的意见》业已出台；实施科普信息化工程的任务已纳入国务院颁布的《全民科学素质行动计划纲要实施方案（2016—2020年）》。当前，科普信息化建设正处于落地生根的关键阶段，要求我们接长手臂、扎根基层、达成共识，发挥好每一位基层科普工作者的能动性和创造力。科普信息化的内涵和特征是什么、如何开展科普供给侧的结构性调整、如何精准洞察和感知公众的科普需求等一系列备受科普工作者关注的基础理论和实践问题，亟须研究者在深度调研和周密思辨后作出回应，并以迭代发展的眼光去不断完善。这将凝聚科普信息化事业向前推进的合力，激发科普创新发展的新动能。

未来，科普信息化建设依然充满挑战。很高兴中国科普研究所的研究人员开展了扎实的研究工作并取得了阶段性成果。希望“科普信息化丛书”的出版，能够给读者特别是广大一线科普工作者带来认知和实践能力的提升，为贯彻落实中国科学技术协会九大精神、深入推进科普信息化建设发挥积极作用。

2016 年 7 月

前言

知识在当今经济和社会发展动能中逐渐占据主导地位，迫切需要一定的经济和社会形态与之相匹配。快速的知识更新使终身学习和社会学习的理念被广大公众认可，并付诸行动。“让科技知识在网络和生活中流行”不仅是科普工作者的使命，也是公众日益增长的物质和文化需求得到满足的必然要求。置身于“信息爆炸”的时代，尤其是各类新媒体如雨后春笋般涌现后，公众获取各种信息的渠道迅速增多，同时也带来了信息过量的潜在风险。如果公众不能从众多的信息源中作出正确的选择，那么，这种可获取性付出的是认知清晰度和质量的代价。因此，新时期科普工作的重点就是一方面为公众提供便捷、平等、信赖、高效的科普公共服务平台，另一方面致力于培养和提升公众自身科学理性的思维能力和质疑精神。只有人们的科学辨识能力得到提升，才不至于在浩如烟海的信息洪流中迷失方向。科普信息化正是实现这一目标的有效进路。

在中国科学技术协会书记处书记徐延豪的正确领导下，在中国科普研究所所长王康友的带领下，科学媒介研究室深入开展科普信息化建设的理论和实践研究，形成了一系列的研究成果。这本汇集近两年基础研究成果的著作——《信息化时代的科学普及》，是王康友所长策划主编的“科普信息化丛书”中的一本。本书从科普研究者和实践者的视角审视科普信息化，力图为社会信息化背景下的科普转型升级奠定理论基础。

全书共分为五章，涵盖了科普信息化的内涵、概念、特征、环境、机制、测度等基础理论问题。第一章描述了科普信息化提出的时代背景，并基于其发展规律和趋势阐述了科普信息化的概念内涵（由胡俊平执笔）；第二章汇集了近年来一系列线上线下的问卷调查数据和网络行为数据，分析了当前公众的科普需求与科普的社会供给，描绘了科普信息化的供给侧和需求侧现状，阐明了信息化时代的科普作品在创作与传播环节所面临的挑战（由胡俊平、钟琦执笔）；第三章讨论了科普信息化的经验借鉴与价值提升，吸收和借鉴“互联网+”、教育信息化、农业农村信息化、智慧城市建设的有益成分，为顺利推进科普信息化出谋划策（由王黎明执笔）；第四章探究了科普信息化的运作创新与重点突破，立足于机制建设，从四个方向投石问路，寻找突破口（由钟琦、王艳丽执笔）；第五章阐述了科普信息化的测度方法与实践探索，分别从宏观、介观和微观聚焦科普信息化的科学持续发展（由胡俊平、王黎明执笔）；附录收录了国家信息化发展战略和规划文件，以及科普信息化、教育信息化领域的核心政策文件，方便读者了解特定领域的发展概况。丛书主编王康友所长对全书的框架结构进行了细致精心的指导，审读了全书文稿，并提出了修改意见。

现代信息技术的发展日新月异。科普信息化本身处于动态演进之中，我们对其概念内涵及发展规律的认识在不断深化，实践的探索也在不断推进。希望本书的出版能给基层科普研究者和实践者带来思维上的启发，推动一线科普实践工作的开展。

全体作者

2017年8月

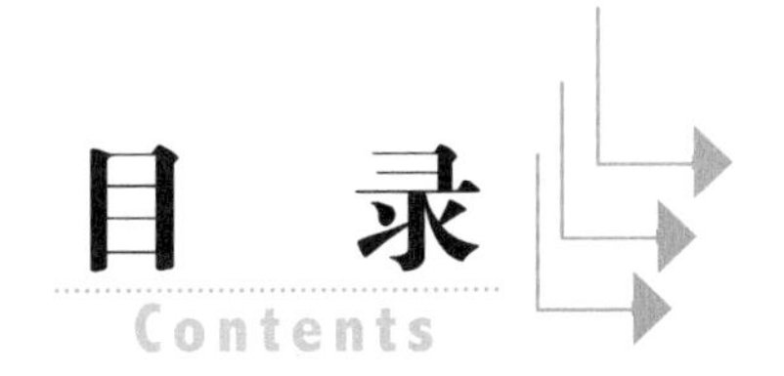
目 录
Contents

第一章 科普信息化的时代背景与概念内涵

随着当代信息革命、知识社会的来临和深度发展，信息化给教育、科学、传播等各个领域带来了诸多机遇，同时也伴随着一系列挑战。新时期，我国在科普工作领域大力倡导科普信息化，推进信息化与科普深度融合，促进科普的创新与变革。在新的形势下，对科普信息化的概念、内涵、特点及产生的重要影响等进行全面而系统的分析阐述显得尤为迫切，也便于进一步有效地开展深入的理论探讨，并推进实践的进程。

第一节 信息化与科普发展

从本质上说，当代信息革命是一场关于人类信息和知识的生产、传播和利用的革命[①]。探讨“科普信息化”

① 周宏仁 . 信息化概论 [M]. 北京：电子工业出版社，2009：10.

问题，首先要从“信息”及其相关概念溯源。

一、信息与信息化的概念及其社会影响

（一）信息的概念

1. 从科学和哲学的层面理解信息的定义

信息的定义表述十分多样。信息论的创建者香农（Claude E. Shannon）20 世纪 40 年代在《通信的数学理论》中提议：“能否定义一个量……作为信息、选择和不确定性的度量。”[①] 虽然香农本人没有给出明确的信息定义，但他指出了信息具有“消除不确定性”的作用，对后续信息的定义产生了深刻的影响。此后，信息的定义出现了差异论、负熵论、独立元论、属性论、关系论等多样化观点[②]，分别从科学或哲学层面进行阐述。国外很多学者从实用信息论的角度给出的信息定义，往往在普遍性和概括性上有所欠缺；而从哲学层面对信息的定义，则具有抽象性和普适性。在哲学视野中，信息与物质、能量并称现实世界的三大构成要素；信息是依赖物质和能量而被反映出来的事物属性[③]。我国学者邬焜主张，信息是标志间接存在的哲学范畴，它是物质（直接存在）存在方式和状态的自身显示[④]。我国信息学家钟义信也从哲学层面对信息进行了定义：信息是事物运动的状态和状态改变的方式的自我表述（自我显示）[⑤]。虽然这两位学者在表述上具有差异性，但其观点具有一致性。

2. 从知识管理的角度理解信息的定义

“信息”与知识管理研究领域的“数据”“知识”和“智慧”3 个概念关系密切。数据、信息、知识、智慧是人类主观意识对客观事物的反映，数据是后三者的基础与前提，而后三者是数据的发展，并对前者的获取具有一定的影响；同时，这些概念也是建立和运行知识管理系统的前提，并促成数据库、信息库和知识库的分类建立，以方便知识的检索、挖掘和共享，从而降低处理成

---

① 香农 . 通信的数学理论 [M]. 上海：上海市科学技术编译馆，1978：7.
② 王哲 . 两类信息定义述评 [J]. 华中科技大学学报（社会科学版），2007（1）：90-94.
③ 陈晓龙 . 信息论与热力学熵增加原理的哲学断想 [J]. 兰州学刊，1986（6）：39-43.
④ 邬焜 . 信息世界的进化 [M]. 西安：西北大学出版社，1994：26.
⑤ 钟义信 . 信息科学原理 . 第 3 版 [M]. 北京：北京邮电大学出版社，2002：50-51.

本，节约时间和资源[①]。从数据到信息到知识再到智慧，这是一个从低级到高级的认识过程，层次越高，外延不断拓展，深度不断加深，含义不断增加，概念化和价值不断提高[②]。

厘清并深入理解“信息”及相关概念的定义和相互关系是研究科普信息化内涵的基础。虽然中外学者对于数据、信息、知识定义的表述纷繁多样，但对其本质属性的理解和认知具有很大程度的统一性。阿拉维（M. Alavi）和莱德纳（D. E. Leidner）认为[③]，数据是原始的，除了存在以外没有任何意义；信息是经过处理可以利用的数据，可以回答“谁”“什么”“哪里”“什么时候”等问题；知识是对数据和信息的利用，可以回答“如何”“为何”等问题。这些观点与奎格利（E. J. Quigley）和德本斯（A. Debons）[④]秉持的关于信息和知识的质疑理论极其相似。我国学者王德禄对此阐述得更为清晰[⑤]：数据是反映事物运动状态的原始数据和事实；信息是已经排列成有意义的形式的数据；知识是经过加工提炼，把很多信息材料的内在联系进行综合分析，从而得出的结论。还有研究人员认为，数据、信息、知识三者构成金字塔式结构，底层是数据，中间层是信息，而顶层是知识，并归纳了三者的关系：数据是信息的载体，信息是有背景的数据，而知识是经过归纳和整理的、呈现规律的信息[⑥]。

视窗

关于数据、信息、知识的概念，从下面这个例子去理解更为直观。比如：“37℃”是一个表示温度的数据；“人体的体温约为37℃”则是信息，表明这个数据代表的含义是人体的体温；“人体的正常体温一般约为37℃”，则是知识，这是通过大量测试正常人体的体温而总结归纳出的结论。因此，数据、信息、知识三者是相互紧密联系的，但各自的含义和深度不同。

---

① 荆宁宁，程俊瑜．数据、信息、知识与智慧 [J]. 情报科学，2005，(12)：1786-1790.

② 迈克尔．J. 马奎特．创建学习型组织 5 要素 [M]. 邱昭良，译．北京：机械工业出版社，2003.

③ 斯图尔特・巴恩斯．知识管理系统理论与实务 [M]. 阎达五，徐鹿，等译．北京：机械工业出版社，2004.

④ 梁战平，张新民．区分数据、信息和知识的质疑理论 [J]．图书情报工作，2003，(11)：32-35.

⑤ 王德禄．知识管理的 IT 实现——朴素的知识管理 [M]．北京：电子工业出版社，2003.

⑥ 涂子沛．大数据及其成因 [J]. 科学与社会，2014，(1)：14-26.

3. 从传播学的角度理解信息的概念

自从数学家沃伦·韦弗（Warren Weaver）将信息论引入传播学中，“信息”便成为西方传播学研究的“中心概念”[①]，也被一些中国研究者视为“新闻学研究的逻辑前提”[②]。信息的概念从工程技术领域移用到传播学领域后，其概念及模式也相应地发生了变化。例如，在直线式单向传播的“香农-韦弗”模式中，信息从信息源导出，经过发射器、信道、接收器的编码和解码过程，最后导入接受者。该模式主要用于解释传递信息的信道能力，带有工程学信息概念的痕迹，但传播学者却用来关注传播的效果。在传播学中，信息常作为传播的内容而存在，是在一定的社会关系条件下传递和交换的对象。尤其在我国的新闻学中，信息概念的解读被赋予了本土文化的色彩；而作为当代人的日常口语，所关注的正是作为内容的信息，而并非作为技术或传播效果的信息[③]。比如，常常使用的“科普信息”这个词组，关注的就是它的内容属性，一般指的就是科普内容。

（二）信息化的概念及其社会影响

信息化是由当代信息革命引发的变化。国内外学者的一些重要著作或国家的政策文件对“信息化”进行了描述或定义。

视窗

迄今，人类文明发展历经了三次产业革命，即农业革命、工业革命和信息革命，分别引发了农业化、工业化和信息化进程，三者都经历了渐进的、发展的、由表及里的、由浅入深的过程。现代信息技术是基于电子数字计算机和微电子技术的技术。国际上，特别是在欧洲和发展中国家，使用比较多的“信息通信技术”（information and communications technology，ICT）实际上指的就是现代信息技术。它的发展有三个里程碑事件，即1946年世界上第一台电子数字计算机ENIAC的诞生、1971年英特尔公司生产出世界上第一个微处理器芯片Intel 4004、20世纪90年代初互联网在全球的普及和发展。

---

① 罗杰斯. 传播学史——一种传记式的方法 [M]. 殷晓蓉，译. 上海：上海译文出版社，2002.

② 郑旷. 当代新闻学 [M]. 北京：长征出版社，1987：1.

③ 姜红. 作为“信息”的新闻与作为“科学”的新闻学 [J]. 新闻与传播研究，2006，（2）：27-34.

1963 年，日本学者梅棹忠夫（Tadao Umesao）在《论信息产业》中，将以信息为中心的社会称为“信息化社会”，预言信息科学技术的发展和应用将会引起全面的社会变革，并提出“信息化是指通信现代化、计算机化和行为合理化的总称”。可见，信息化概念自提出之始，就不单是一个技术问题，而是一个涉及社会组织运作、人类行为活动等社会体系和结构的过程。西方社会对“信息社会”和“信息化”等概念的普遍使用始于 20 世纪 70 年代后期。自 20 世纪 80 年代以来，信息通信技术（ICT）的发展和应用已成为推动全球经济和社会现代化的强大动力，信息化成为全球数字时代的重要潮流和标志。

视 窗

梅棹忠夫在《论信息产业》中提出“信息化是指通信现代化、计算机化和行为合理化的总称”。其中，通信现代化是指社会活动中的信息交流基于现代通信技术基础上进行的过程；计算机化是社会组织和组织间信息的产生、存储、处理（或控制）、传递等广泛采用先进计算机技术和设备管理的过程；行为合理化是指人类按公认的合理准则与规范行动的过程。

联合国科技促进发展委员会（UNC-STD）的曼塞尔（R. Mansell）等于 1998 年在《知识社会——信息技术促进可持续发展》[①]（图 1-1）中阐明，信息化既是一个技术的进程，也是一个社会的进程，它要求实现管理流程、组织机构、生产技能和生产工具的变革。我国学者符福桓[②]认为，信息化有两方面的含义：一是指以计算机和通信技术为主要手段来获取、加工、处理、存储、报道、传递和提供信息，并使整个过程实现自动化、数字化和网络化；二

图 1-1 《知识社会——信息技术促进可持续发展》中文版封面

① Mansell R，Wehn U（eds）. Knowledge Society：Information Technology for Sustainable Development [M]. Oxford：Oxford University Press，1998.

② 符福桓 . 关于信息管理学学科建设与发展的思考（二）. 中国信息导报，1999,（11）：10-13.

是指国民经济的发展从以物质和能源为基础向以知识和信息为基础的转变过程，科学技术真正成为第一生产力。更多的学者分别从信息技术的扩散和传播、知识生产与转换、信息产业结构、信息对社会的功能等多个角度阐述了他们对信息化的不同理解，但在“信息化是一个过程”这个观点上基本达成了共识。

我国的政策文件对信息化的概念、功能和意义等方面作了如下表述。1997年，我国召开的第一届全国信息化工作会议从国家视角提出：“信息化是指培育、发展以智能化工具为代表的新的生产力并使之造福于社会的历史过程。”2006年出台的《2006—2020年国家信息化发展战略》[①]指出：信息化是充分利用信息技术，开发利用信息资源，促进信息交流和知识共享，提高经济增长质量，推动经济社会发展转型的历史进程。2014年中央网络安全和信息化领导小组成立，提出了“没有信息化就没有现代化”，实施网络强国战略、大数据战略、“互联网+”行动等一系列重大决策，开启了信息化发展新征程。2016年12月，国务院通过的《“十三五”国家信息化规划》[②]指明：信息化代表新的生产力和新的发展方向，已经成为引领创新和驱动转型的先导力量。

我们可以从三个维度审视信息化带来的显著变化。首先是现代信息技术自身的飞速发展和进步，即信息的采集、处理、存储、传输、转换等各个环节的技术突破（技术维度）；其次是由信息通信技术发展带来的信息生产、传播和利用方式的变化（产业维度）；最后是由新的技术和传播引发的社会体系结构和人群关系的深层次变革（社会关系维度）。

综上所述，可以清晰地看出，信息化不仅仅是一个技术的进程或简单的信息技术应用问题，更重要的，信息化是一个社会的进程，是社会发展和演变的过程。它代表现代信息技术被高度应用，信息资源被高度共享，人的智能潜力以及社会物质和知识资源潜力被充分发挥，从而使得个人行为、组织决策和社会运行趋于合理化的理想状态。

---

① 中共中央办公厅 国务院办公厅印发《2006—2020年国家信息化发展战略》[EB/OL].（2009-09-24）[2014-10-01]. http://www.gov.cn/test/2009-09/24/content_1425447.htm.

② 国务院关于印发“十三五”国家信息化规划的通知[EB/OL].（2016-12-27）[2017-03-10]. http://www.gov.cn/zhengce/content/2016-12/27/content_5153411.htm.

二、科普及其发展

（一）科普及其相关概念

1. 中国的科学技术普及

从概念来说，2002 年颁布的《中华人民共和国科学技术普及法》（简称《科普法》）第二条为科普概念的明确确立了依据。科学技术普及（简称科普）即采用公众易于理解、接受、参与的方式开展普及科学技术知识、倡导科学方法、传播科学思想、弘扬科学精神的活动。任福君、翟杰全著的《科技传播与普及概论》梳理了国内学者对“科学普及”的定义[①]，虽然这些学者的表达方式多种多样，但其核心观点均围绕《科普法》中的相关内容。

2006 年，《全民科学素质行动计划纲要（2006—2010—2020 年）》的颁布是科学技术普及领域又一个里程碑式事件。文件指出，公民具备基本科学素质一般指了解必要的科学技术知识，掌握基本的科学方法，树立科学思想，崇尚科学精神，并具有一定的应用它们处理实际问题、参与公共事务的能力。这里提出的“科学素质”概念常被归纳为“四科两能力”，与“科学技术普及”概念一脉相承。

视窗

据中国近现代科学史研究专家樊洪业先生考证，“科普”作为中文专有名词，在 1949 年以前并没有出现过[②]。1950 年，它首次出现在中华全国科学技术普及协会的简称“全国科普协会”中。大约从 1956 年前后开始，“科普”作为“科学普及”的缩略语，逐渐从口头词语变为非规范的文字语词，并在 1979 年被收入《现代汉语词典》中，成为规范化的专有名词。而“普及科学”是从 20 世纪 30 年代由知识分子开始使用的[③]。

《科普法》英文版中，“科普”对应的英文为 popularization of science

① 任福君，翟杰全 . 科技传播与普及概论 [M]. 北京：中国科学技术出版社，2012：37-40.
② 樊洪业 . 解读“传统科普”[N]. 科学时报，2004-01-09.
③ 李大光 . 科学传播简史 [M]. 北京：中国科学技术出版社，2016：264.

and technology（PST）。在一些英文文献中，“科普”也常采用 science popularization，popular science，popularized science 等表达方式[①]。“科学素质”一词在《全民科学素质行动计划纲要（2006—2010—2020 年）》英文版[②]及大多数英文文献中对应为“scientific literacy”；在美国科学促进会“2061 计划”中，与中文“科学素养”对应的英文是“science literacy”。

2. 欧洲的公众理解科学

20 世纪 80 年代，欧洲兴起了“公众理解科学”（public understanding science，PUS），其目的在于促进公众对科学的理解和赏识，提升公众对科学研究的支持。其中的“理解”不仅是对科学事实的理解，也包括对科学的方法和局限性的理解，譬如对风险、不确定性和易变性等基于统计学的理解。1985 年英国皇家学会推出的《公众理解科学》报告（又称“博德默报告”）[③]被学界认为是 PUS 概念正式形成的标志。1995 年，英国贸易与工业部科学技术办公室推出了“沃尔芬达尔报告”，该报告的贡献就是明确地提出了“公众理解科学、工程与技术”（PUSET）。2000 年，英国参议院科学技术特别委员会（House of Lords Select Committee of Science and Technology，HLSCST）发布了《科学与社会》报告（又称为 PUS“第三报告”），关注公众对科学的信任危机问题，其背景是疯牛病等事件的发生与应对[④]。当时的英国公众对诸如生物技术和信息技术等领域的技术发展感到不安，这种信任危机引发了科学与社会公众对话的需要。

3. 美国科学促进会的“2061 计划”及 STEM 教育规划

1985 年，美国科学促进会联合美国科学院、联邦教育部等 12 个机构启动了一项意义长远的科学教育计划——“2061 计划”。该计划是面向 21 世纪人才培养、致力于中小学课程改革的跨世纪计划，代表着未来美国基础教育课程和

① 石顺科．英文“科普”称谓探识 [J]. 科普研究，2007，（2）：63-66.

② 中国科学技术协会．全民科学素质行动计划纲要（2006—2010—2020 年）[M]. 北京：科学普及出版社，2008.

③ Royal Society. The Public Understanding of Science [R]. London：The Royal Society，1985.

④ House of Lords Select Committee of Science and Technology. Science and Society [R]. London：The Stationery Office，2000.

教学改革的趋势。该计划认为，美国的下一代必将面临巨大的变革，而科学、数学和技术是变革的核心。只有提升人们在科学、数学和技术方面的素养，使公民具有必要的理解能力和思维习惯，人们才能紧跟世界发展的形势，知晓自然和社会运行的情况，并进行批判性的和独立的思考。这份计划提出了青少年从小学到高中应掌握的科学、数学和技术领域的基础知识的框架，包括主要学科的基本内容、基本概念、基本技能、学科间的有机联系，以及掌握这些内容、概念和联系的基本态度、方法和手段[①]。2013 年，《联邦政府关于科学、技术、工程和数学（STEM）教育战略规划（2013—2018 年）》出台，它明确具备良好 STEM 素养的劳动力对于维持美国在科学与创新上的国际领先位置十分必要[②]。

视 窗

2013 年 5 月，美国国家科学与技术顾问委员会向国会提交了《联邦政府关于科学、技术、工程和数学（STEM）教育战略规划（2013—2018 年）》，明确部署美国未来 5 年 STEM 教育发展的战略目标、实施路线、评估指标。此规划旨在加强美国 STEM 领域后备人才的培养和储备，继续保持美国在国际竞争中的领先地位。美国当前的教育系统不足以确保培养足够多的具备良好训练的 STEM 领域的劳动大军，而让年轻人有更多的机会获得较高的 STEM 素养和技能对维持其在科学与创新上的领先位置十分必要。因此，美国政府积极鼓励更多的学生参与学习 STEM 学科，并且取得优异成绩。美国政府对 STEM 教育的年投入经费大约为 30 亿美元。

（二）科学信息传递的两种模式

在科学普及或科学传播领域，就科学信息的传递和流动而言，一般认为存在两种模式，即单向模式和双向模式。

单向模式又称“缺失模式”（deficit model），它认为公众对科学知识是有所

---

① 美国科学促进会 . 科学素养的基准 [M]. 中国科学技术协会，译 . 北京：科学普及出版社，2001.

② 罗晖，李朝晖 . 美国实施科学、技术、工程和数学教育战略提升国家竞争力 [J]. 科普研究，2014，9（5）：32-40.

欠缺的，需要科学家向公众进行科学知识传授。在这种模式下，科学知识是单向流动，科学家（科学共同体）掌握主动权，他们是科学知识的源头；公众只是被动地接受，他们被比喻为一个空瓶子，被灌输知识。这种模型还存在一个理论假设，就是通过科学知识的灌输和传播，公众能够形成对科学和科学研究采取支持的态度。事实上，公众掌握科学知识的多少与他们支持科学的态度并不存在线性关系[①]。

双向模式又被称之为“对话模式”（dialogue model）或“民主模型”（democratic model）[②]，即公众与科学家之间就科学技术事务进行协商，开展对话互动和交流。具体的形式有共识会议[③]、圆桌讨论、公民评判委员会、公众参与技术评估等。在这个过程中，科学信息的流动是双向的，科学家与公众之间通过民主对话，积极倾听对方的意见，共同参与科学政策的制定和科学体制的建立等事务。故这种模式还被称之为“参与模式”，尤其在英国。在新媒体语境下，传播者和受众之间的界限变得越来越模糊，公众在科学知识传播中的主体位置更为明显，更多地参与到科学知识的传播中。在当前互联网和新媒体背景下，公众依托自媒体就能主动参与到科学知识传播中，即用户生成内容（user generated content，UGC）。

（三）我国科普的简要历程

尽管“科普”一词的出现是在中华人民共和国成立之后，但普及科学知识的实践活动早已出现。19 世纪末，在“西学东渐”的过程中，西方先进科技传入我国，相关的科技传播与普及活动就已经孕育出雏形。民国时期，新文化运动高举民主和科学两面大旗。在五四运动前后，国内先后出现了许多以推进科学研究与普及科学为宗旨的科学社团，如中国科学社（1915 年成立）、中华农学会（1917 年成立）、中国天文学会（1922 年成立）等。1931 年，教育家陶行知先生首倡“科学下嫁运动”，这是民国时期有组织、有计划的科普实践活动的

---

① 张晓芳 . PUS 研究的两种思路 [J]. 自然辩证法研究，2004，（7）：55-60.

② 翟杰全 . 科技公共传播：知识普及、科学理解、公众参与 [J]. 北京理工大学学报（社会科学版），2008，（6）：29-40.

③ 刘兵，江洋 . 日本公众理解科学实践的一个案例：关于“转基因农作物”的“共识会议”[J]. 科普研究，2006，（1）：42-46.

标志[①]。它提出了“把科学下嫁给儿童”“下嫁给大众”的口号，邀请科学家一起组织科普活动，创办自然科学园等。

中华人民共和国成立后，我国科普事业进入建制化发展时期。1950 年成立的中华全国科学技术普及协会（简称全国科普协会）“以普及自然科学知识，提高人民科学技术水平为宗旨”，面向人民群众开展广泛的科学普及活动。1958 年，全国科普协会与中华全国自然科学专门学会联合会（简称全国科联）合并，成立了中国科学技术协会（简称中国科协）。中国科协的基本任务是“密切结合生产，积极开展群众性的技术革命运动”，它明确规定要“总结交流和推广科学技术的发明创造和先进经验；大力普及科学技术知识；采取各种业余教育的方法，积极培养科学技术人才”。1963 年，在“向科学进军”的背景下，全国农村掀起了建立群众科学实验小组的热潮；到 1965 年，农村科学实践小组达到 100 多万个，成员达到 700 万人，有力地推动了农村科普活动的开展[②]。

1978 年，全国科学大会的召开不仅标志着我国科学春天的到来，也给全国科普工作带来了春风。20 世纪 80 年代初期，面向农村的科技报异军突起，全国各省级行政区划单位都有科技报，而且报纸发行量巨大。这些报纸的发行适应于改革开放后实行家庭联产承包责任制的农业发展的需求，对传播农业技术新成果、普及先进技术、培养农民技术骨干发挥了巨大的推动作用。据统计，1979～1988 年，全国出版了两万多种科普图书和 247 种科普杂志。

20世纪90年代，党和国家高度重视科学技术的传播和普及。1994年12月，中共中央、国务院发布了中华人民共和国第一个科普工作的纲领性文件《关于加强科学技术普及工作的若干意见》。根据文件意见，国务院建立了以国家科学技术委员会（现科技部）为组长单位的国家科普工作联席会议制度，以统筹管理和组织协调全国的科普工作。从 2001 年起，每年 5 月第 3 周都举办全国科技活动周，活动周内围绕“科技在我身边”“科技创造未来”等主题开展科学普及活动[③]。2002年，全国人民代表大会通过并颁布了《科普法》，首次以法律的形式对科普工作的任务和属性、各机构组织和公民在科普工作中的权利和

---

① 任福君，尹霖，等. 科技传播与普及实践 [M]. 北京：中国科学技术出版社，2015：2.

② 任福君，翟杰全. 科技传播与普及概论 [M]. 北京：中国科学技术出版社，2012：30-32.

③ 科学技术普及概论编写组. 科学技术普及概论 [M]. 北京：科学普及出版社，2002：7-31.

义务等内容作出了规定。中国科协自2003年起开始组织全国科普日活动，时间设置在每年9月的第3个周末。随着全国科普日活动影响的扩大，活动时间扩展为一个星期，活动期间紧密围绕“节约能源资源，保护生态环境，保障安全健康，促进创新创造”主题开展群众性科普活动。2006年，国务院颁布了《全民科学素质行动计划纲要（2006—2010—2020年）》，对2006～2020年的全民科学素质建设工作作出全面规划，确立了主要行动、基础工程、保障条件与组织实施等。

第二节　科普信息化的概念内涵及特征

经历漫长的积淀，科普逐渐形成了一些传统的活动内容和形式，譬如围绕群众工作和生活中的科学问题开展科普讲座、科技下乡活动、群众性的大型科普活动等。随着信息时代的到来，各个行业迎来了春风化雨或暴风骤雨般的革新。信息化也必然与科普发生化合反应，成为推动科普发展的强力引擎。

一、科普信息化的提出

作为一项科普工程的名称，科普信息化的提出始于2014年。2014年12月，中国科协发布《中国科协关于加强科普信息化建设的意见》[①]。这是第一个出现“科普信息化”的正式文件。文件指出，“信息化日益成为科普创新驱动发展的先导力量，成为引领科普现代化的技术支撑，要做好科普信息化建设，必须弘扬‘开放、共享、协作、参与’的互联网精神，充分运用先进信息技术，有效动员社会力量和资源，丰富科普内容，创新表达形式，通过多种网络便捷传播，利用市场机制，建立多元化运营模式，满足公众的个性化需求，提高科普的时效性和覆盖面，这是科普适应信息社会发展的必然要求。”该文件

① 中国科协. 中国科协印发《中国科协关于加强科普信息化建设的意见》的通知[EB/OL].（2014-12-23）[2017-01-01]. http://www.cast.org.cn/n35081/n35096/n10225918/16157721.html.

虽然并未对“科普信息化”的概念作出直接回答，但阐明了开展“科普信息化建设”的核心要求和条件，提出了从科普理念到科普行为方式的5个彻底转变。2015～2017年，中国科协和财政部共同实施为期三年的“科普信息化建设”专项。

视 窗

《中国科协关于加强科普信息化建设的意见》指出，科普信息化是对传统科普的全面创新。科普信息化不仅体现在技术层面，更关键、更重要的是从科普理念到行为方式的彻底转变，即从单向、灌输式的科普行为模式，向平等互动、公众参与式的科普行为模式的彻底转变；从单纯依靠专业人员、长周期的科普创作模式，向专业人员与受众结合、实时性的科普创作模式的彻底转变；从方式单调、呆板的科普表达形态，向内容更加丰富、形式生动的科普表达形态的彻底转变；从科普受众泛化、内容同质化的科普服务模式，向受众细分、个性精准推送的科普服务模式的彻底转变；从政府推动、事业运作的科普工作模式，向政策引导、社会参与、市场运作的科普工作模式的彻底转变。

相对于科普信息化，我国教育信息化的正式提出在时间上早了12年。教育信息化的起步阶段为20世纪90年代。2002年，教育部科学技术司发布《教育信息化“十五”发展规划（纲要）》[①]，将发展目标定为信息化平台和资源体系建设。2003年，教育部教育管理信息中心发行的刊物《管理信息系统》更名为《教育信息化》（现名为《中国教育信息化》）。2012年，教育部出台《教育信息化十年发展规划（2011—2020年）》[②]，标志着教育信息化进入高潮迭起的新发展阶段[③]。与教育信息化比较，科普信息化存在两个方面的特殊性。首先是科普内容的特殊性。科普的内容尚没有类似教学大纲或课程标准一样的基准，却在精准度和时效性方面有更高的要求，需要兼备科学性和前沿性，即不仅要向大众传递相对成熟稳定的科学通识，还要传播科技前沿领域、社会热点科技问题

① 教育部. 教育信息化“十五”发展规划（纲要）[J]. 教育信息化，2003（4）：3-7.

② 教育部. 教育信息化十年发展规划（2011—2020年）[EB/OL].（2012-03-13）[2017-01-01]. http://www.moe.edu.cn/publicfiles/business/htmlfiles/moe/s3342/201203/xxgk_133322.html.

③ 陈琳. 2013中国教育信息化发展透视 [J]. 教育研究，2014，35（6）：136-141.

等的相关知识。其次是工作域的特殊性。科普工作是全社会的职责，对象涉及未成年人、农民、城镇劳动者、领导干部和公务员、社区居民等各类人群，与相关政府部门、人民团体及各类社会组织的工作领域产生一定交集；而教育信息化主要是面向各级各类的学校，教育行政部门居于主导地位，统筹协调能力较强。因此，科普信息化面临的形势和问题更为复杂。在国家信息化的大环境下，科普信息化的重点在于更有效地利用现有的信息化公共基础设施，做好数字化科普资源的集成和推送，引领科普理念和模式的创新实践。

2016 年，科普信息化工程纳入了《全民科学素质行动计划纲要实施方案（2016—2020 年）》[①]，由中国科协、中央宣传部、国家新闻出版广电总局牵头，总共 28 家部委参与实施。

视窗

实施科普信息化工程是《全民科学素质行动计划纲要实施方案（2016—2020 年）》的内容之一，包括如下四项任务：①以科普信息化为核心，推动实现科普理念和科普内容、表达方式、传播方式、组织动员、运行和运营机制等服务模式的全面创新；②提升优质科普内容资源供给能力，运用群众喜闻乐见的形式，实现科普与艺术、人文有机结合，推出更多有知有趣有用的科普精品，让科学知识在网上和生活中流行；③提升科技传播能力，推动传统媒体与新兴媒体深度融合，实现多渠道全媒体传播，大幅提升大众传媒的科技传播水平；④推动科普信息在社区、学校、农村等落地应用，提升科技传播精准服务水平，满足公众泛在化、个性化获取科普信息的需求，定向、精准推送科普信息。

二、科普信息化的内涵与概念

分析“科普信息化”的内涵，一方面基于信息化概念的通用基本范畴，另一方面紧密结合科普工作领域的特性。科普内容是知识体系的重要组成部分之一。如何开展科普，实质上相当于如何对科普内容进行科学化的管理。知识管

① 全民科学素质行动计划纲要实施方案（2016—2020 年）[EB/OL].（2016-03-14）[2017-01-01]. http://news.xinhuanet.com/politics/2016-03/14/c_128799626_3.htm.

理中关于知识的创造、获取、组织、应用和分享等[①]基本原则都值得科普工作借鉴和参考。同时，科普与教育学习存在紧密关联，教育信息化过程中开发应用优质数字教育资源、构建信息化学习环境和教学条件的思路也值得科普工作吸收和借鉴。

（一）科普信息化内涵的维度构建

仅按照信息流程（信息生产、采集、传递、存储、利用等）或信息系统要素（信息资源、装备、技术、人员、政策等）构建科普信息化的内涵维度均难免单薄。综合考虑科普信息化的时代需求、公众和社会发展的必然要求，科普信息化内涵维度的构造逻辑将借鉴可持续发展中的“驱动力—状态—响应”（driving-state-response，DSR）的框架模式结构[②]。基于以上理解，科普信息化的内涵可包含以下三个维度的内容：理念与技术（一软一硬）、生产与传播（一先一后）、运用与效应（一近一远）（表 1-1）[③]。

表 1-1　科普信息化的内涵

维度框架	维度	内涵描述
驱动力（Driving）	理念	顺应知识社会的共享要求，围绕以人为本的科普需求，搭建科普资源社会公共服务平台，提升人们对海量信息的科学辨识和认知应用能力
	技术	依托现代信息技术，激发人们的科学兴趣，满足人们泛在化、个性化、情境化获取科普内容的行为习惯，运用智能技术辅助人们掌握学习、理解科学的技能
状态（State）	生产	依照新理念原创开发、汇集和共享科普信息和知识资源，建立社会力量共同参与的、多元化的科普内容生产供给机制和体系
	传播	充分融入公信力和知晓度高的传播渠道，借助大众传媒和分众传媒、线下活动增强人们的科学新体验；积累科普用户数据，实现精准推送
响应（Response）	运用	缓解科普资源分布不均等突出问题，缩小地区和人群之间的科普信息鸿沟
	效应	助力公众践行科学、文明、健康的生活方式，服务于公众科学素质的跨越提升，引导公众进入智慧生活时代

---

① 李岱素．知识管理研究述评 [J]. 学术研究，2009（8）：83-88.

② 王宗军，潘文砚．我国低碳经济综合评价——基于驱动力-压力-状态-影响-响应模型 [J]. 技术经济，2012，31（12）：68-76.

③ 胡俊平，钟琦，罗晖．科普信息化的内涵、影响及测度 [J]. 科普研究，2015，10（1）：10-16.

首先，科普信息化的内涵包括开放先进的理念和技术，两者分别代表一软一硬的两种驱动力。理念是策略和行动的指南，创新的理念产生革新的动力。科普信息化的理念是顺应知识社会中知识共享的要求，围绕以人为本的科普需求，为公众获取科普资源提供便捷、平等、信赖、高效的社会公共服务平台，并致力于提升人们对海量信息的科学辨识和认知应用能力。在技术方面，依托移动互联网技术、物联网、云计算、大数据等现代信息技术，充分激发人们对科学的兴趣，深度融合创新科普内容表达和传播方式，满足人们泛在化、个性化、情境化获取科普内容的行为习惯，运用智能技术辅助人们更好地掌握学习、理解科学的技能，使人们能够享受智能化的日常应用服务。在理念和技术这两个驱动力的推动下，科普领域的内容供给、传播策略、公众角色等将产生深刻变革。

其次，科普信息化的内涵包括多元协作的生产和传播，两者是一先一后的两个相互关联和促进的过程状态，这是从社会产业维度来考究。科普信息化中的内容生产，兼顾公众和社会发展的要求，依照新理念和新技术原创开发、汇集和共享科普信息和知识资源，建立社会力量共同参与的、多元化的科普内容生产供给机制和体系。在传播方面，科普内容充分融入公信力和知晓度高的传播渠道，借助大众传媒、分众传媒及线下活动不断增强加深人们的科学新体验；依据积累的科普用户行为数据，实现科普信息的精准推送，不断创新科普载体的传播功能。

最后，科普信息化内涵包括广泛深远的运用与效应，两者是一近一远的两个效果响应，是科普信息化对公众个体和社会产生的作用反馈。从近期效果来看，科普信息化可以缓解科普资源分布不均等突出问题，缩小地区和人群之间的科普信息鸿沟。从长远来看，科普信息化助力公众践行科学、文明、健康的生活方式，服务于公众科学素质的跨越提升，引导公众进入智慧生活时代。

（二）科普信息化的概念

上述内容已经对科普信息化的内涵进行了全方位的分析。科普信息化的概念应在内涵的基础上进行高度凝练，它可以简单地概括为：科普信息化是采用开放先进的理念和技术，开展多元协作的科普内容生产和传播，实现科普资源高效广泛运用，对个人和社会发展产生深远影响效应的过程。

如果对概念作适当拓展，并结合科普自身的发展特点，科普信息化是以大数据、物联网、移动互联网、云计算等现代信息技术为手段，以公众和社会发展需求为导向，以提高全民科学素质为目标，实现传统科普工作向科普资源数字化、内容传播网络化、应用服务智能化的现代科普工作的持续转变的过程，是信息化带动科普工作的理念、模式、路径、方式全面创新的变革。

三、科普信息化的特征

基于以上对科普信息化内涵和概念的分析，可以预测在今后的一个时期内，科普信息化将对我国的科普工作产生深远的影响。科普信息化将带来四个方面的科普工作发展趋势的变化，分别是科普的理念、效率、触感和前景。通过深入分析这四个方面，科普信息化的特征便更加明晰。

首先是科普工作的理念更新。具备科普信息化内涵的科普工作，将强化信息技术推动下的随时随地开展科普的泛在理念，注重公众个性化选择定制科普内容和自我掌控学习进度的自主体验，秉持互联网时代浓郁的知识开放共享精神，开拓新颖适用的共享方式，着力培养公众面对海量信息和知识时作出科学、理性抉择的辨识力。

其次是科普工作的效率更高。先进的信息技术使科普突破时间和地域的限制，实现高效率的实时传播，使公众获取相关科普信息和知识的途径也更为便捷，让科普内容更为有效、快速、精准地抵达目标群体，从而使传播力得到显著增强。

再次是科普工作的触感更深。体现在科普的内容和形式上，先进信息技术更多地融入了双向交互的概念，公众在参与体验中增强了对视觉、听觉、触觉等各种感官的调动，加深了情境化、沉浸式的体验感，使得科普内容的表达更具表现力，对公众产生的影响更为深刻和持久。新一代的科技场馆是这方面科普信息化的典型代表。

最后是科普工作的前景更广。信息化背景下的科普工作不断进行跨界融合，使科学与人文艺术之间的结合更为自然和普遍，从而更有效地吸引公众走近科学，使社会公众激发了创新创造的活力，让科普服务方式变得更加智能化，令科普对个人和社会、国家的发展产生强劲的驱动作用。

以上从科普信息化引领科普工作新趋势的四个角度，分别阐述了四个方面的发展趋势。这四个方面的发展趋势再简要概括为表 1-2 所示的 16 个特征。换一个维度（纵向），这些特征又可分别归类为场域、受众、策略和目标，涵盖了科普信息化表现在时间、地点、人物、方式、目的等方面的特点。从场域来看，科普信息化突破了时空约束，模糊了境域边界，实现境域的交叉和跨越：秉持随时随地的泛在新理念，追求实时传播的高效率，重视双向交互的深触感，崇尚跨界融合的广前景。从受众来看，科普信息化让公众摆脱了获取应用的桎梏，拥有获取科普资源和服务的自主性、便捷性，获得深刻的体验感和可贵的创新能力。从工作策略上看，科普信息化借助先进理念和信息技术，采用共享化、精准化、情境化和智能化的方式和手段，形式新颖而有实效。从目标看，科普信息化要实现公众辨识力提升、信息传播力通畅、内容表现力透彻、发展驱动力强劲。

表 1-2　科普信息化的特征

科普工作趋势	特　征			
	场　域	受　众	策　略	目　标
新理念	泛在性	自主性	共享化	辨识力
高效率	实时性	便捷性	精准化	传播力
深触感	交互性	体验性	情境化	表现力
广前景	融合性	创新性	智能化	驱动力

表 1-2 也反映出，一些特征是信息化所共有的特征。尤其是场域方面的特征，借助信息技术手段便可以实现；科普信息化要做的，就是加倍重视科普内容的合理运用。有些特征是科普信息化进程中十分突出的，比如创新性、辨识力等特征。科普信息化应重点围绕科学素养在信息化背景下对个人与社会发展产生的影响而制定方略和采取行动。

科普信息化是动态发展的。本节综合借鉴“驱动力-状态-响应”模型，构建理念与技术、生产与传播、运用与效应三个维度对科普信息化进行分析解读，阐述了现阶段对科普信息化实质内涵的理解。同时，基于发展规律和趋势，从科普信息化对科普工作实践、受众以及社会的影响角度，总结了科普信息化的特征，为实践工作提供参考。

第三节　科普信息化的发展历程

从我国科普工作实践层面上看，科普信息化并不是科普领域的新生事物。具有科普信息化部分特征的工作从 20 世纪 90 年代初就已经开展，与教育信息化几乎同时起步。早期的科普信息化工作，更多的是把信息技术作为科普可以利用的一种先进的技术手段，尚未提升到科普理念或模式的根本性变革力量的地位。

类似于信息化发展的不同阶段，按照我国科普实践历程的特点，科普信息化可划分为科普资源数字化、内容传播网络化和应用服务智能化。值得注意的是，每个时期都有标志性的起始点，但没有终结点，因为每个阶段都是不断持续向前发展的动态过程，都有广阔的发展空间。

一、科普资源数字化

科普领域的数字化伴随着世界数字化大潮的到来而出现。科普资源数字化是借助信息技术对传统的科普资源进行加工转换，使其能在计算机上存储、传输和利用。文献显示，我国博物馆（科技馆）领域在 20 世纪 90 年代兴起了数字资源建设[①]。相比纸质或是模拟信息的科普资源，数字化科普资源更容易实现长期而保真的存储、重复而无损的读取和可靠而高速的传输。当前，我国大部分广播电台、电视台在节目采集、制作、播出、传输环节已基本实现数字化，为数字化科普创造了良好的传播基础设施条件。

① 北京市科学技术协会信息中心，北京数字科普协会 . 创意科技助力数字博物馆 [M]. 北京：中国传媒大学出版社，2012.

视　窗

2011～2015 年，全国出版科普（技）音像制品（包括光盘、录音、录像带等）种数平均为6718种/年，光盘发行量平均为1202.22万张/年。其中 2012 年的科普（技）音像制品出版种类达到峰值，2011 年的光盘发行量达到峰值。近 5 年，全国广播电台播出科普（技）节目总时长平均为 16.08 万小时/年，全国电视台科普（技）节目播放总时长平均为 19.89 万小时/年。其中 2013 年的广播和电视台播放节目时长达到峰值，近两年呈现下降趋势（表 1-3）。

表 1-3　科普（技）音像制品出版发行数及全国广播和电视台播放科普（技）节目时长

音像制品出版或广电节目播放数	2015 年	2014 年	2013 年	2012 年	2011 年
科普（技）音像制品出版种数/种	5048	4473	5903	12845	5324
科普（技）音像制品光盘发行张数/万张	988.55	619.38	1441.67	1472.72	1488.77
广播播放科普（技）节目时长/万小时	14.50	15.13	18.11	16.29	16.37
电视台播放科普（技）节目时长/万小时	19.73	20.16	22.36	18.44	18.76

数据来源：中华人民共和国科学技术部 2012～2016 年的《中国科普统计》

随着电子技术、视频技术的运用，电子科普画廊逐渐代替了传统橱窗式科普画廊或科普宣传栏，科普挂图等资源向数字化形态转变，图像文件格式的电子挂图代替了纸质挂图。电子科普画廊所展示的科普资源形态更为丰富和形象，有静态、动态、三维的图像和文字，还有有声解说，将科学知识直观地传播给广大公众。一些先进的电子科普画廊还具备与受众互动的功能。上海市科学技术协会于 2002 年开始进行电子科普画廊的试点建设①。北京市科学技术协会于 2003 年在崇文区金鱼池社区、石景山区和平谷社区进行了电子科普画廊的试点建设②，2004～2005年在全市主要社区、街道建设了20块以上LED大屏幕和 200 组电动多画面科普画廊。

在科普出版方面，二进制存储、多媒体叙事等数字技术渗透到创作、编辑、印刷、发行和消费等各个出版环节，催生出亚马逊、多看阅读、掌阅书城等多个大型数字发行平台，数字图书、数字期刊、游戏动漫等多种多样的数字科普产品应运而生。

---

① 魏永强．构建城市科普信息化的风景线 [N]. 大众科技报，2003-11-02.

② 魏永强．北京要建第二代科普画廊 [N]. 大众科技报，2004-01-11.

二、内容传播网络化

在科普资源数字化的基础上，科普工作迎来了网络化时期。数字化科普资源通过局域网或广域网进行传输共享，突破本地服务瓶颈，使科普传播渠道得到拓展、传播速度更快、更新频率更高，提高了科普资源的效用。1995 年《北京科技报》网络版的开通，被业内人士认为是中国网络科普的第一步①。1999 年 6 月开通的中国公众科技网（中国科协主办）是中国大陆第一家综合性专业科普网站②。同年，“北京科普之窗”③、“中国科普博览”（中国科学院主办）等专业科普网站陆续开通。随着网络科普的影响力渐大，2004 年 9 月，由中国科协和中国互联网协会共同发起的中国互联网协会网络科普联盟成立，它致力于推动网络科普事业的发展④，网络科普呈现出良好的发展态势。2006 年 12 月上线的中国数字科技馆网站，全方位利用多媒体技术建立了面向公众的虚拟科技博览馆、体验馆以及面向科技工作者的资源馆，获得了“2007 世界信息峰会”颁发的最佳电子科学奖⑤。2007 年上线的科学网打出了“构建全球华人科学社区”的口号，它提供的博客服务一度是全球最著名的中文科学博客之一。

2010 年，以智能手机和第三代移动通信技术为标志，中国进入移动互联网时代，社交媒体和自媒体的蓬勃发展为科普信息化提供了新的传播平台和发展机遇。微博、微信等社交媒体在科普中充分展现“即时、交互”等特性，果壳网、“丁香医生”、“赛先生”、“知识分子”等一大批优秀的科普微博号和微信号涌现出来。典型的科普微信公共号还有中国科协打造的“科普中国”、北京市科学技术协会主办的“蝌蚪五线谱”、中国科学院官方科普平台“科学大

① 刘莉．数字化科普，影响力有多大？[N]. 科技日报，2010-03-18（005）.

② 百度百科．中国公众科技网 [EB/OL]. [2017-03-01]. http://baike.baidu.com/view/3293339.htm?fr=aladdin.

③ 北京科普之窗．北京科普之窗大事记 [EB/OL].（2012-11-14）[2014-10-01]. http://www.bjkp.gov.cn/art/2012/11/14/art_2263_36462.html.

④ 中国互联网协会网络科普联盟简介 [EB/OL].（2008-11-24）[2014-10-01]. http://www.uisp.org.cn/2008-11/24/content_2598037.htm.

⑤ 张小林．中国数字科技馆建设报告 [M]. 北京：中国科学技术出版社，2010.

院”、中国科普研究所创办的“科学媒介中心”（SMC）等。与此同时，集结了大量优质用户的内容社区成为科普知识服务新的发展方向，果壳小组、知乎社区和科学网博客都是其中的典型代表。

视 窗

蝌蚪五线谱网站（www.kedo.gov.cn）是由北京市政府投资建设、北京市科学技术协会主办的大型公益性科普网站，立足于为公众特别是青少年提供权威、有趣、贴近生活的优质网络文化服务。网站积极拓展多元化的科普传播表现形式，除图文传播外，还有科普视频、访谈直播、互动游戏、虚拟场景技术、APP 应用等，形成了互联网、移动互联网、社区科普视窗组成的新媒体传播网络。网站采用多媒体和多终端技术进行整合传播，开发了“蝌蚪五线谱”手机版和 iPad 版网站、“科普手抄报”“蝌蚪游北京”等系列 APP 应用，以及官方微博、微信公众号、豆瓣小组等。值得一提的是，网站优质内容与北京市社区 300 多块全媒体科普视窗实现了共享和联动[①]。

三、应用服务智能化

现代信息技术与科普不断产生交叉融合。O2O（online to offline 或 offline to online）、BYOD（bring your own device）、VR（virtual reality，虚拟现实）、AR（augmented reality，增强现实）、MR（mixed reality，混合现实）等技术的发展，为科普服务创新提供了新鲜的体验和广阔的空间。以大数据和云计算技术为代表的信息采集和处理技术将海量用户数据蕴含的信息价值重新挖掘并赋予其新的生产力，推动应用服务向智能化方向发展。2013 年，河北省秦皇岛市利用云计算技术搭建的“云科普公共服务平台”，具有“全天候、全领域、全方位、全媒体、全终端、新技术”的特点[②]。江苏省从 2013 年起上线了云科普

① 张晓芸.“蝌蚪五线谱”科普网站的由来 [M]// 张浩达，刘英. 数字科普之路. 北京：科学普及出版社，2016：204-209.

② 中国科普研究所. 云科普平台建设——秦皇岛市科普信息化的调研发现 [R]. 科普研究动态，2014-10-10（20）.

服务系统，与第三方合作开发了智能化科普热点识别和挖掘模块，以求迅速、准确地针对突发事件进行“应急科普”。2015～2016年，百度公司与中国科协科普部、中国科普研究所持续发布《中国网民科普需求行为报告》，运用百度搜索引擎数据库研判网民科普需求状况。2017年5月，腾讯公司与中国科普研究所合作，利用大数据分析技术开展了腾讯移动用户的科普行为研究探索，并发布了《2016年移动互联网网民科普获取和传播行为研究报告》[①]，在为公众提供精准化科普服务方面取得了一定进展。

人工智能、物联网等技术是科普场馆进行展品创意设计和提高信息化管理水平的利器。人工智能技术应用于智能化科普展品设计或融入日常生活服务，对于科技传播具有双重意义，它既是科技传播的内容也是传播的手段[②]。一方面，人工智能技术作为科技传播的内容展示给受众，让更多公众增进对机器人、人机博弈、图像处理、虚拟现实等一系列人工智能技术的了解，让他们体会到科学的无穷妙处，进而增强他们的学习兴趣；另一方面，人工智能技术作为科技传播的新技术手段，通过人机互动、情景式体验，使受众成为展品运行的参与者，极大地调动了公众参与科技传播过程的积极性，提升了科技传播的实效。此外，人工智能技术所体现出来的“深谙需求、恰逢其时”“想其所想、及其所及”特点，为科学认识和理解过程带来了极大的便捷，降低了掌握科学内容的难度，使公众乐学其中。比如，“智能书架”可根据读者的喜好、以往网络检索记录与借阅历史记录实时为读者推介相关内容，并让读者轻而易举地添加条目到自己喜好阅读的虚拟列表中。

视窗

东北大学NEW NEU创新团队把人工智能技术应用到科技传播中，先后开发出虚拟运动系列、智能下棋机器人、动感过山车等50多项智能化科普展品，并在中国科学技术馆等10多个科普展馆和大型科普活动中展出[③]。在“动感过山车”体验区，孩子们只要在电脑上任意画出路

① 腾讯公司，中国科普研究所. 2016年移动互联网网民科普获取和传播行为报告[EB/OL]. [2017-05-31]. http://news.qq.com/cross/20170303/K23DV6O1.html#0.

② 赵姝颖. 人工智能技术在科技传播中的应用探索[J]. 机器人技术与应用，2014（1）：38-41.

③ 赵姝颖，张丹，田祥章，等. 走在科普大路上[J]. 机器人技术与应用，2012（6）：4-8.

线，进入操作模拟舱，就可以“乘坐”过山车，按照自己设计的路线，疾驰、冲刺、翻滚，在惊险刺激的体验中学习和领会科学知识。“1V4下棋机器人”是1个智能机器人同时与4个人下4种不同棋局的展品，激发了公众对高科技的强烈兴趣。

3D眼镜、智能手表等可穿戴技术产品在增强用户体验的同时，也成为物联网的组成部分以及采集用户数据的终端传感器，每个人都将沉浸式地融入科普服务之中。将“行为—数据—需求—服务”的用户闭环应用于科普信息传播，即可实现主动和适需的智能化科普服务。通过智能感知技术、识别技术与计算机网络技术的融合应用，人与物、物与物联结起来。新式的科普载体将具备模仿人类的感知、思维、推理等思维活动的功能，使科学普及的理念和模式实现更深远的变革。可以预计，未来的科普服务将更充分地体现智能化特征，更具奇妙的吸引力。

视窗

福建省福州市金鸡山公园凭借丰富的植物科普资源和完善的导览系统，设计科普元素和信息化措施，实现智能导游和科普宣传相融合，为市民带来新知识和新体验。全园实现免费Wi-Fi信号覆盖，市民通过手机与户外触摸屏、植物二维码互动，实现自助导览和植物认知，参与智慧科普亲子游等线上资源与线下活动相结合的体验式活动。这实现了科普信息化与智慧公园建设的初步融合发展。可以预期，通过人工智能技术在科普应用服务中的深度运用，未来的公园能带给公众更多智慧生活的体验。

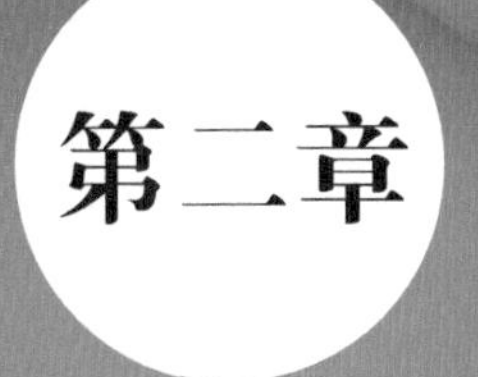

第二章 科普信息化的公众需求与社会供给

科普事业常被喻为桥梁和纽带，一端连着社会公众，另一端连着科普内容的供给方（科学共同体、科普作家等）。在科普信息化的理念中，公众需求是其工作的核心导向。公众不再被看作是科普内容的被动接受者，他们与科普内容提供者产生积极互动，表达各自对内容所持的观点，以满足自己日常生活和工作的需求，甚至参与到内容的创作和传播中。科普内容的提供方逐渐多元化，更多地了解和倾听公众的科普愿望和期待，熟悉公众的行为偏好和习惯，以便使科普内容与公众的需求更为契合。因此，科普的公众需求状况是科普信息化的出发点，而对科普社会供给状况的革新是科普信息化的落脚点。

第一节 科普信息化的公众科普需求

需求和供给是常见的经济学概念。在经济学理论上，曾经有萨伊定律、凯恩斯定律等阐述它们之间的关系，实践表明，这些定律的成立都要满足一定的市场条件。科普作为公共服务，服务链要重视末端、重视细节、重视衔接、重视公众满意度[①]。公众是科普服务的要素之一，而公众的需求是科普的出发点。《中国科协关于加强科普信息化建设的意见》指出，要“泛在满足公众多样性、个性化获取科普信息的需求”。具体要求为，借助先进信息技术手段，贴近实际、贴近生活、贴近群众，围绕公众关注的卫生健康、食品安全、低碳生活、心理关怀、应急避险、生态环境、反对愚昧迷信等热点和焦点问题，大力普及科学知识，及时释疑解惑。

视窗

法国经济学家让 - 巴斯蒂特・萨伊（Jean-Baptiste Say）提出了后来被称作萨伊定律（Say’s Law Of Market）的市场规律：供给创造自己的需求[②]。这是一种在 19 世纪初流行的经济思想定律，在完全卖方主导的市场下成立。事实上，只有有效的供给才能创造出有效的需求。与萨伊定律相对应的是 20 世纪 30 年代由英国经济学家约翰・梅纳德・凯恩斯（John Maynard Keynes）提出的凯恩斯定律：需求能创造出自己的供给[③]，即在有效需求不足时，采取措施来刺激需求，可使供给增加。20 世纪 70 年代以后，西方国家经济出现了严重的滞胀局面，而凯恩斯定律对之越来越无能为力。

公众的科普需求主要包括对科普主题内容、科普内容表达方式以及对科普信息的获取方式等方面的需求。在社会信息化背景下，公众的上述需求也会表现出一定的新的变化趋势。下面将基于近年来系列的线上、线下的问卷调查数据和网络科普行为数据两个来源，全面、系统地总结和证实近年公众的科普需求特点。

---

① 王康友 . 跑好科普“最后一公里”并不简单 [N]. 光明日报，2016-12-09（10）.

② 萨伊定律 . 互动百科 [EB/OL]. [2017-6-30]. http://www.baike.com/wiki/%E8%90%A8%E4%BC%8A%E5%AE%9A%E5%BE%8B&prd=button_doc_entry.

③ 凯恩斯定律 . 互动百科 [EB/OL]. [2017-6-30]. http://www.baike.com/wiki/%E5%87%AF%E6%81%A9%E6%96%AF%E5%AE%9A%E5%BE%8B&prd=so_1_doc.

一、公众对科普主题内容的需求相对集中和稳定

近年来的多次公众问卷调查结果显示，我国公众对科普主题内容的需求相对集中和稳定。据 2010 年第八次中国公民科学素养调查结果，我国公民最感兴趣的科技信息为“医学与健康”（82.7%），紧随其后的是“经济学与社会发展”（40.9%）、“环境科学与污染治理”（37.1%）①。2010 年 12 月，中国科普研究所在全国组织开展的城市社区居民科普需求和满意度抽样调查结果显示，超过半数的城市社区居民对医疗保健、食品安全、营养膳食 3 类科普话题最为关注②。2013 年，武雪梅等以重庆地区为例，调查发现大学生、中小学生和普通公众这三类人群均表现出对医学健康、节能环保等社会热点的关注③。2015 年第九次中国公民科学素质调查结果显示，我国公民感兴趣程度较高的话题排列前三位的是，生活与健康（92.6%）、学校与教育（86.7%）、国家经济发展（78.6%）④。2017年3月发布的上海市黄浦区社区居民问卷调查报告显示，公众需要的科普信息以自我需求为中心，与个人健康、安全、兴趣有关，其中的人体健康（66.8%）、危险自救（40.2%）、公共安全（39.7%）位列前三⑤。

除了开展公众问卷调查，采用网络数据分析方法，也有助于了解互联网空间的公众（网民）对科普主题内容的需求。基于百度搜索引擎数据库和科普关键词库，对网民搜索条目进行科普标签化处理，经过数据筛选、分析和统计，就可以得出网民科普搜索行为的一系列特征。据 2015 年中国网民科普需求搜索行为年度报告⑥，2015年中国网民关注的科普主题排名前三的为：健康与医疗（搜索占比为 55.15%）、应急避险（搜索占比为 11.07%）和信息科技（搜索占比为 9.69%）。健康主题的需求量远远超过其他科普主题内容（图 2-1）。2016

---

① 任福君 . 中国公民科学素质报告（第二辑）[M]. 北京：科学普及出版社，2011.

② 胡俊平，石顺科 . 我国城市社区科普的公众需求及满意度研究 [J]. 科普研究，2011，6（5）：18-26.

③ 伍雪梅，童明余 . 公众科普信息需求调查与对策研究 [J]. 现代情报，2014，34（12）：84-89.

④ 全民科学素质纲要实施工作办公室，中国科普研究所 . 2015 年中国公民科学素质调查主要结果 [R]. 2016.

⑤ 王蔚 . 互联网时代，这些科普信息公众更青睐 [EB/OL].（2017-3-18）[2017-03-23]. http://www.shobserver.com/news/detail?id=47593.

⑥ 钟琦，胡俊平，武丹，等 . 数说科普需求侧——网民科普行为数据分析 [M]. 北京：科学出版社，2016：40.

年中国网民科普需求搜索行为年度报告显示①，中国网民关注的科普主题排名前三的为：健康与医疗（搜索占比为 53.78%）、信息科技（搜索占比为 14.53%）和应急避险（搜索占比为 7.54%）。健康与医疗主题的搜索份额仍然占据首位，而且搜索份额相对稳定；信息科技主题的搜索份额呈现上升趋势（图 2-2）。

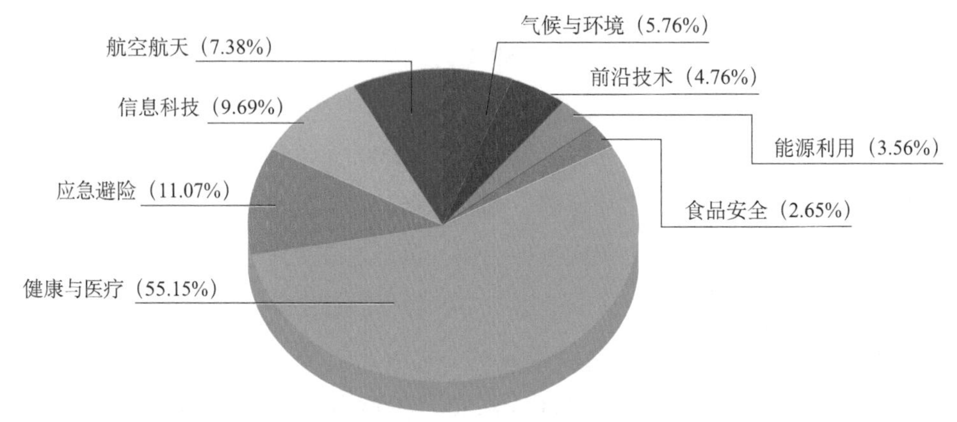

图 2-1　2015 年各科普主题的搜索占比

数据来源：百度指数

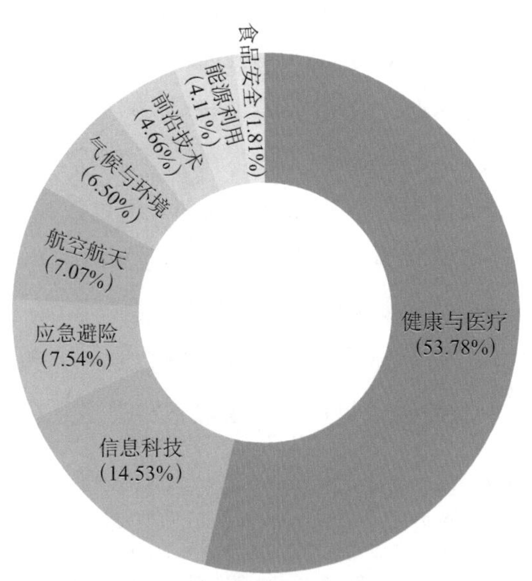

图 2-2　2016 年各科普主题的搜索占比

数据来源：百度指数

① 中国科协科普部，百度数据研究中心，中国科普研究所 . 2016 年度中国网民科普需求搜索行为报告 [R]（来源于微信公众号“科学媒介中心”，2017 年 6 月 7 日发布）.

在移动互联网终端，基于通过腾讯新闻客户端和视频平台获取的数据，科普用户获取科普信息和传播科普信息的行为特征得到揭示。数据显示，2016年，信息科技、健康与医疗、气候与环境成为移动端网民最关注的科普主题，用户关注份额分别为24.8%、23.5%、17.0%[①]。在移动互联网终端，信息科技主题位居用户阅览的各科普主题的首位，健康与医疗类主题紧跟其后，低1.3个百分比（图2-3）。

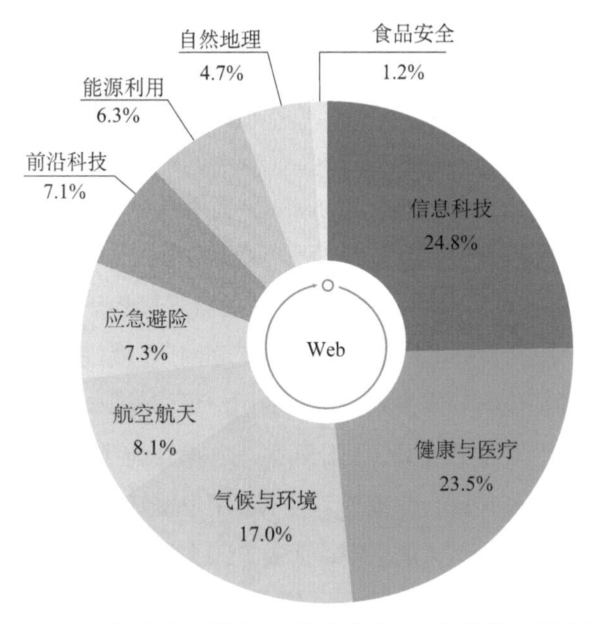

图2-3　2016年移动端网民获取的科普信息中各科普主题的份额
数据来源：腾讯公司

由此可见，近年来公众对科普主题内容的需求相对较为集中和稳定。无论是对于社区居民还是对于互联网网民，健康内容的科普一直排在公众需求主题的前列，信息科技内容需求有上升的趋势。值得一提的是，全民科学素质行动早在2007年就确定了“节约能源资源，保护生态环境，保障安全健康”的工作主题，2011年又增加了“促进创新创造”。这是对公众和社会的科普内容需求较为精辟的概括。

① 腾讯公司，中国科普研究所. 2016年移动互联网网民科普获取和传播行为报告[EB/OL]. [2017-05-31]. http://news.qq.com/cross/20170303/K23DV6O1.html#0.

二、公众对科普内容表达方式的需求呈现多元态势

传统科普常通过科普文章、科普图书以及科普挂图等形式进行。顺应信息通信技术沿数字化、网络化、智能化的发展方向，公众对科普作品的需求也逐渐呈现视频化、移动化、社交化、游戏化等多元化趋势。

2011 年，中国互联网络信息中心发布的《中国科普市场现状及网民科普使用行为研究报告》显示[①]，阅读科普文章是最重要的网络科普方式，81.6% 的网络科普用户通过科普文章获取知识；其次是科普类的视频节目，61.1% 的网络科普用户会下载或收看科普内容的视频；31.9% 的网络科普用户会在论坛、社交网站上交流、讨论科普知识，25.8% 的网络科普用户会玩带有科普内容的游戏。

2015 年，腾讯公司与中国科普研究所联合发布的《移动互联网网民科普获取和传播行为报告》对移动互联网网民偏好的科普内容表达形式进行了统计分析[②]。结果表明，图文类资讯是 70% 的移动互联网用户偏好的科普形式，这与图文类资讯获取的便捷度有一定关系；33% 的用户更偏爱视频类的科普内容；互动社区（15%）以及游戏形式（10%）分列第三、第四位（图 2-4）。《2016 年移动互联网网民科普获取和传播行为报告》显示，用户偏好通过视频获取科普内容的主题多集中在自然地理、航天航空等，而通过图文类资讯了解的信息多集中在信息科技、健康与医疗（图 2-5）。可见，不同的科普主题选择恰当的表达方式才能有效地呈现和解释科学事实，获得公众的高度关注，从而实现较好的传播效果。

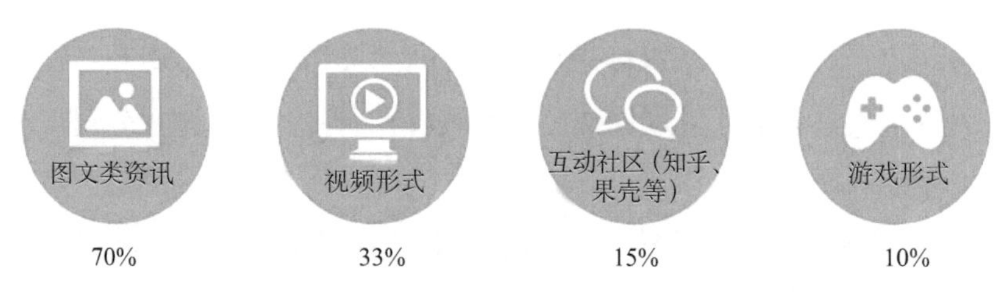

图 2-4　2015 年移动互联网网民偏好不同科普表达形式的比例

数据来源：腾讯公司

① 中国互联网络信息中心 . 中国科普市场现状及网民科普使用行为研究报告 [R]. 2011.

② 钟琦，胡俊平，武丹，等 . 数说科普需求侧——网民科普行为数据分析 [M]. 北京：科学出版社，2016：130-131.

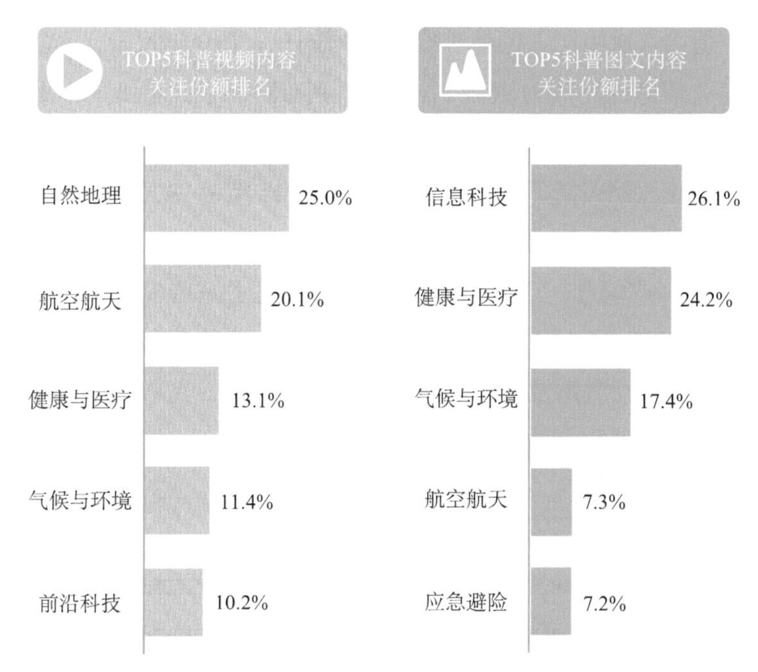

图 2-5　2016 年移动互联网网民通过视频和图文方式关注各科普主题的份额排名
数据来源：腾讯公司

三、公众通过互联网获取科技信息的比重逐渐增大

2010 年的社区居民科普需求调查反映出社区居民的实际获取科普知识的途径与期望方式之间的异同[①]。如图2-6所示，对于社区居民而言，社区宣传栏发挥科学传播作用的状况是理想状态与现实情形最为接近的；现实超越了愿望的获取方式有电视 / 广播、网络 / 手机、书报、朋友交流。从这次调查结果可以看出，社区居民对线下亲身体验的科普途径和方式非常看重，如社区讲座、互动科普活动、科普展览、社区学校培训等，但是现实情况远未达到他们的预期需求。

信息化浪潮使社会公众获取信息的行为方式发生显著的改变。随着科普工作领域逐渐地应用信息技术手段，越来越多的社会公众通过新途径获取科普信

① 胡俊平，石顺科 . 我国城市社区科普的公众需求及满意度研究 [J]. 科普研究，2011，6（5）：18-26.

息和知识。据第八次中国公民科学素养调查统计，2010 年我国公民通过互联网渠道获取科技信息的比例为 26.6%，排在电视（87.5%）、报纸（59.1%）、与人交谈（43.0%）等渠道之后；与 2005 年的调查结果相比，通过互联网渠道获取科技信息的公众比例提高了 20.2 个百分点①。2015 年 3～8 月开展的第九次中国公民科学素质抽样调查结果显示，超过半数（53.4%）的公民利用互联网及移动互联网获取科技信息，比 2010 年的 26.6% 提高了一倍多，已经超过了报纸（38.5%），仅次于电视（93.4%），位居第二。在具备科学素质的公民中，高达 91.2% 的公民通过互联网及移动互联网获取科技信息，互联网已成为具备科学素质的公民获取科技信息的第一渠道②。

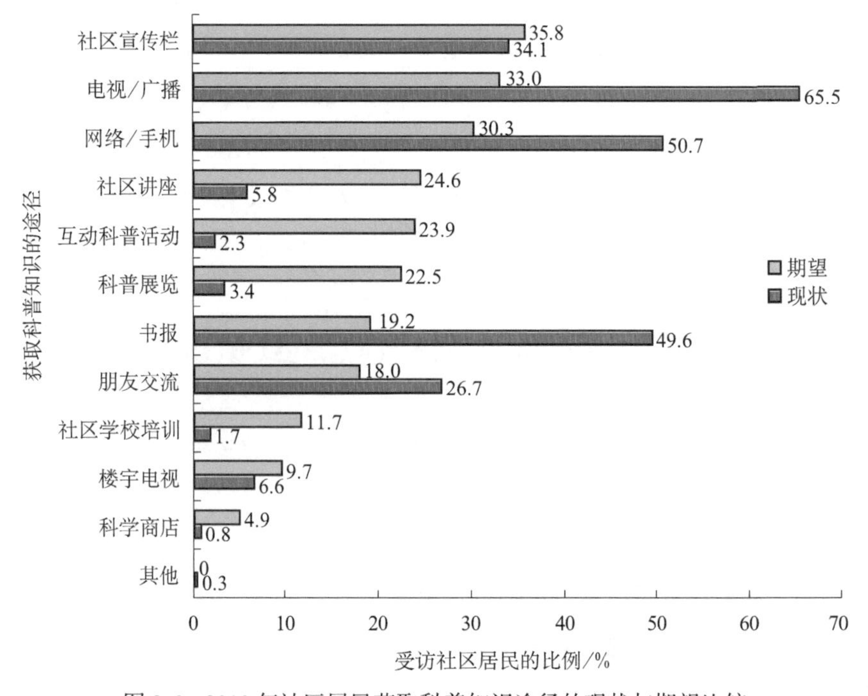

图 2-6　2010 年社区居民获取科普知识途径的现状与期望比较

当前，我国的互联网普及率还在进一步提高。截至 2016 年 12 月，中国网民规模达 7.31 亿，其中手机网民规模达 6.95 亿（占网民总数的 95.1%），互

① 任福君 . 中国公民科学素质报告（第二辑）[M]. 北京：科学普及出版社，2011.

② 中国科协发布第九次中国公民科学素质调查结果 [EB/OL].（2015-09-22）[2017-03-01]. http://www.cast.org.cn/n35081/n35096/n10225918/16670746.html.

联网普及率达到53.2%，手机作为第一大上网终端的地位更加稳固[①]。《2015年中国网民科普需求搜索行为年度报告》显示，网民科普搜索指数由2014年的27.93亿增长到2015年的41.38亿，增长了48.19%；从搜索终端上来看，无线端科普搜索指数（27.79亿）是PC端科普搜索指数（13.59亿）的两倍多。2016年中国网民科普搜索指数达到48.99亿，较2015年增长16.46%；从搜索终端来看，移动端科普搜索指数占比（68.79%）较2015年增加了1.63个百分点。

在互联网这样一个开放、平等的平台上，科普信息化工作同样要经受社会公众的自主选择。2011年的一项调查显示[②]，我国69.4%的网络科普用户在网上获取科普知识时，并没有固定访问的网站，而是通过搜索引擎进行搜索。由此可见，在信息资源量指数式增长的时代，科普资源的建设必须要紧密围绕社会公众的科普需求，同时引导社会力量生产和传播高质量的科普作品，才能在拥有海量信息的互联网世界中获得公众的关注。利用大数据技术及舆情分析掌握不同背景变量的人群对科普的个性化需求，这对于科普资源建设至关重要。

总之，社会公众获取信息的行为越来越清晰地呈现出数字化的方式。2017年4月，中国新闻出版研究院发布的第十四次全国国民阅读调查报告[③]进一步证实了这一需求趋势。该报告显示，2016年我国成年公民的数字化阅读方式（网络在线阅读、手机阅读、电子阅读器阅读等）的接触率为68.2%，较2015年上升了4.2个百分点；其中网络在线阅读接触率为55.3%，手机阅读接触率为66.1%。有62.4%的成年公民在2016年进行过微信阅读，人均每天微信阅读时长为26分钟。这些公众阅读行为调查数据所反映出的需求信息，为我们制定科普信息化的科普资源供给方略提供了有价值的参考依据。

① 中国互联网络信息中心．第39次《中国互联网络发展状况统计报告》[EB/OL].（2017-01-22）[2017-03-23]. http://www.cnnic.net.cn/hlwfzyj/hlwxzbg/hlwtjbg/201701/t20170122_66437.htm.

② 中国互联网络信息中心．中国科普市场现状及网民科普使用行为研究报告[R]. 2011.

③ 新浪读书．第十四次全国国民阅读调查报告出炉[EB/OL].（2017-04-18）[2017-04-19]. http://book.sina.com.cn/news/whxw/2017-04-18/doc-ifyeimqy2574493.shtml.

第二节　科普信息化的社会科普供给

变革科普的社会供给状况是科普信息化建设的关键。《中国科协关于加强科普信息化建设的意见》指出，科普信息化是从科普理念到行为方式的彻底转变。要彻底转变的主要包括四个主面：科普创作模式、科普表达形态、科普服务模式和科普工作模式。科普创作模式要从单纯依靠专业人员、长周期的科普创作模式，向专业人员与受众结合、实时性的科普创作模式彻底转变；科普表达形态要从单调、呆板，向内容更加丰富、形式生动彻底转变；科普服务模式要从科普受众泛化、内容同质化，向受众细分、个性精准推送彻底转变；科普工作模式要从政府推动、事业运作，向政策引导、社会参与、市场运作彻底转变。

一、科普资源整合模式

做好科普信息化建设，必须弘扬“开放、共享、协作、参与”的互联网精神。有效利用市场机制和网络优势，充分利用社会力量和社会资源开展科普创作和传播，这是科普运营模式的重大创新。充分发挥市场配置资源的决定性作用，依托社会各方力量，创新和探索建立政府与社会资本合作、互利共赢、良性互动、持续发展的科普服务产品供给新模式。

在科普内容的整合方面，目前各地主要采用政府采购、资源互换以及社会征集等模式，分别适用于原创型、共享型及众创型内容资源的汇集整合（表 2-1）。综合采用各类资源模式，实现一定配比组合，才能充分发挥优势效应，避免劣势影响。

表 2-1　三种科普资源整合模式比较

整合模式	资源类型	优势	劣势
政府采购模式	原创型	拥有资源版权	财政支出较大
资源互换模式	共享型	减低资源成本	使用范围受限
社会征集模式	众创型	激励社会公众	作品质量参差

（一）政府采购模式

原创型的科普资源汇集一般采用政府采购模式。2015年中国科协与财政部共同实施的科普信息化建设，采用面向社会招投标，遴选新华网、腾讯网、百度公司等13家社会机构承担项目实施，围绕“科普中国”品牌，开通了科普中国网等22个科普频道（栏目）以及24个移动端科普应用，显示出强大的科普社会动员和科普资源整合能力，显著提高了科普公共产品和服务的供给效能。截至2017年3月，专项原创优质科普内容资源总量近12TB，实现浏览量84.2亿人次，其中移动端浏览量为61.6亿人次，远远超过预期[①]。

视窗

“科普中国”是中国科协协同社会各方，利用信息化手段塑造的全新科普品牌，着力科普内容建设，创新表达形式，借助传播渠道，促进传统科普与信息化深度融合，精准满足公众个性化需求，提高科普时效性和覆盖面。科普中国品牌视觉形象（图2-7）由红、蓝色线条构成，上缘的S形状和整体构成的T形状，分别象征科学和技术；线条构成的电波形状，象征利用信息化技术手段进行科学传播。任何组织和个人使用“科普中国”品牌视觉形象须遵照《“科普中国”视觉形象应用手册》。

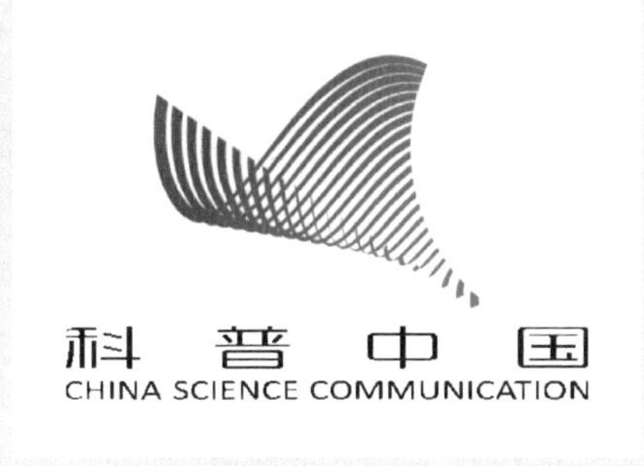

图2-7 “科普中国”品牌视觉形象

上海市科学技术协会等在一些原创科普资源方面采用了政府采购模式，一些新兴科技文化传媒公司，如飞碟视界传媒科技（上海）有限公司、上海奇邑

① 白希.关于《全民科学素质行动计划纲要》实施工作情况报告[R]. 2017-03-31.

文化传播有限公司等，积极参与了科普资源的原创，产出了有较好口碑的科普图文和视频作品。

（二）资源互换模式

科普资源共享是开展科普服务的总体趋势。通过共享科普资源，避免重复制作已有资源，将有效资金投入新资源的建设中。实践中，江苏联著实业有限公司与部分地方省市开展了这方面的合作尝试，发挥其在科普服务中的连接作用，与一些地方科学技术协会组织达成科普资源互换协议，在科普终端（信息屏）共享各地科学技术协会已有的科普内容资源。

（三）社会征集模式

围绕公众关注的主题向社会广泛征集科普作品，一方面，调动了公众参与科普公共服务的积极性，激发了公众创新创造的意识；另一方面，征集到的优秀科普作品也是对科普资源库的有效补充。江苏、山东等地采用科普作品征集的方式，充分调动社会公众和团队的力量，发挥众创效应，从应征作品中甄选优秀的科普作品，充实科普资源内容库。

视窗

山东省科学技术协会、山东广播电视台共同主办的“山东科协星”杯科普动画公益广告大赛自2012年以来已成功举办了5届。大赛旨在进一步繁荣科普事业，传播科学正能量，鼓励社会各界参与科普创作，为广大公众提供优秀的科普产品，为满足公众学科学、用科学的需求提供了良好契机和展示平台。5年来，大赛总征集作品超过2000部，内容涵盖低碳生活、生态环保、节能减排、生命健康、食品安全、安全生产、防灾减灾及其他自然科学等方面。2016年大赛共收到参赛作品300余部，向社会公布了《抗生素，你吃了吗？》《红树林预警机制》等24部优秀作品。[①]

① 2016“山东科协星”杯科普动画公益广告大赛[EB/OL]. [2017-03-23]. http://www.iqilu.com/html/zt/zixun/kepuguanggao/.

二、科普供给侧现状

通过上节的调查研究分析，我们对公众的科普需求现状已经有了较为清晰的认识。公众的需求能否得到满足，很大程度上在于供给侧现状是否与他们的需求相契合。为了掌握科普供给侧的现状，2017 年 2 月，中国科普研究所开展了关于科普创作和传播相关问题的问卷调查，受访对象是科普融合创作与传播团队。受访团队包括 2015 年获得中国科协“科普重大选题融合创作与传播”项目资助的团队以及 2016 年申报该项目资助的所有团队。共回收问卷 111 份，其中有效问卷 109 份，有效率为 98%。受访团队所在地涉及 17 个省（区、市），其中北京团队占六成。这些团队中，侧重科研背景的团队有六成，侧重制作背景的团队有两成，其余是侧重媒体背景的团队。

视　窗

“科普重大选题融合创作与传播”是中国科协与财政部共同实施的 2016 科普信息化建设工程的子项目。其目标是以“移动互联网＋科普”为宗旨，聚拢具有科普融合创作经验的团队，建立激励机制，鼓励团队围绕社会焦点和科技热点，采用图文、视频、H5[①] 等多种形式，开展适合移动端传播的科普精品创作，组织通过多种方式在移动端广泛传播，引导全社会共同关注，加强公众对科学的正确理解，扩大“科普中国”品牌影响力，根据作品传播效果和在公众中的影响面，对传播好的精品创作团队予以奖补。

项目网站：http://www.kepu.net.cn/gb/ydrhcz/index.html

（一）擅长的科普创作选题：前沿科技与生活科学并重

调查问卷中，团队擅长的科普创作选题的分类与《中国网民科普需求搜索报告》的科普主题分类保持一致，共有 8 类；而且受访团队可以自行增加其他自己擅长的主题内容（其他类）。调查要求每个团队最多只能选择其中的 3 项。

① H5 即第五代 HTML，也指用 H5 语言制作的一切数字产品。

调查结果（图 2-8）显示，分布排列前三位的选题是：前沿技术（41.28%）、医疗与健康（29.36%）、航空航天（18.35%）。可见，擅长前沿技术、健康与医疗主题的团队数量较多。除了列出的八大主题外，生命科学、天文、心理学是团队增加的擅长创作选题较多的主题。

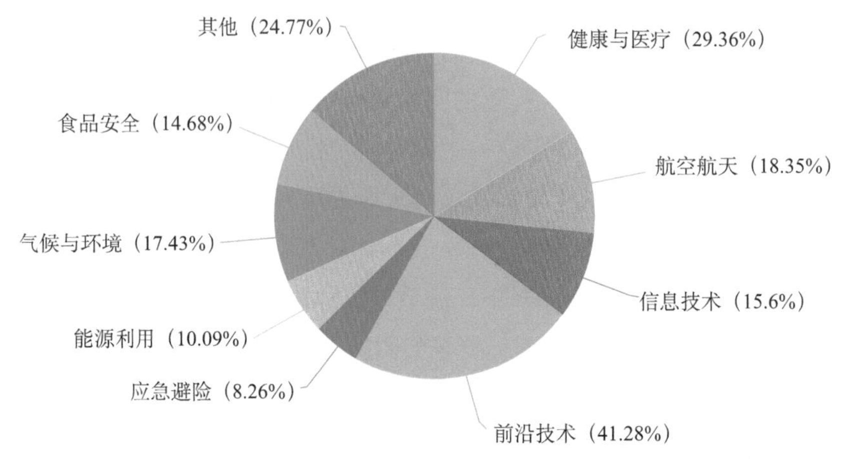

图 2-8　擅长各科普创作主题的团队比例（多选，不超过 3 项）

比较公众的科普主题需求和团队擅长创作的主题，不难发现它们在主题排列顺序上有一些差异。医疗与健康是 2015 年度、2016 年度中国网民科普搜索量最多的主题，而擅长医疗与健康主题的团队数量在所有主题排列中位居第二。擅长前沿技术主题的团队数量排列第一，而前沿技术主题在近两年网民科普需求搜索量的主题排列中却位居第五和第六。也就是说，有一些团队擅长创作的主题作品可能并不是当前公众所迫切需求的内容，出现“叫好不叫座”的情况。但是对于科普创作团队而言，他们应继续坚持团队在知识组成结构上的优势，并在切入角度和创作手法上寻求进一步突破。有理由相信，随着前沿科技对经济社会生活的影响越来越大，公众相应的科普需求会受到一定程度的激发，相应的作品的阅览量和传播量会得到相应提高。

（二）擅长的科普表达方式：文章独占鳌头，视频逐渐崛起，新形式潜力巨大

据调查，受访团队擅长的科普表达方式排列前三的分别是：文章形式（插

图）（86.24%）、视频形式（动漫、微视频）（45.87%）、科学摄影或科学漫画（30.28%）（图 2-9）。总体来看，图文形式的科普文章是团队普遍较为擅长的表达方式，而擅长采用视频形式做科普的团队正逐渐崛起，后者数量约为前者的一半。

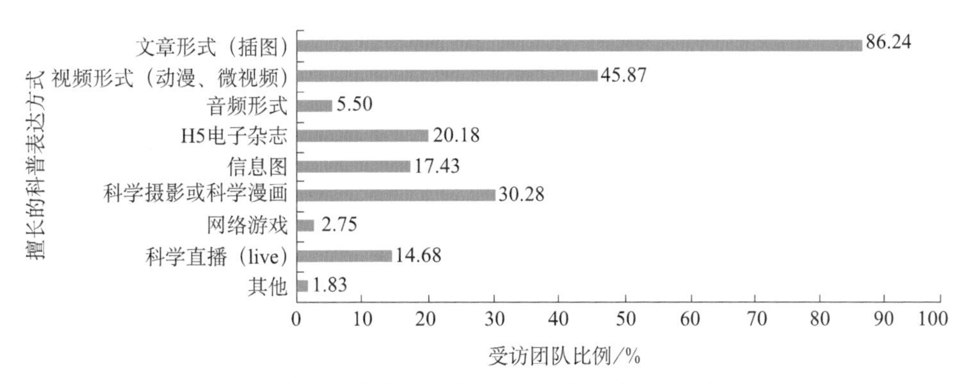

图 2-9　擅长各种科普表达方式的团队比例（多选，不超过 3 项）

擅长新颖的表达方式的团队比例相对不高。擅长 HTML5 电子杂志形式的团队有 20.18%，擅长制作信息图的团队有 17.43%，擅长开展科学直播方式的团队有 14.68%。擅长音频形式和游戏形式的团队均在 10% 以下。虽然调查问卷对团队擅长的科普表达方式的选项设有不超过 3 项的限制，一定程度上影响了新形式入选的比例，但调查结果也反映出新科普形式尚有较大的发展空间和巨大的发展潜力。

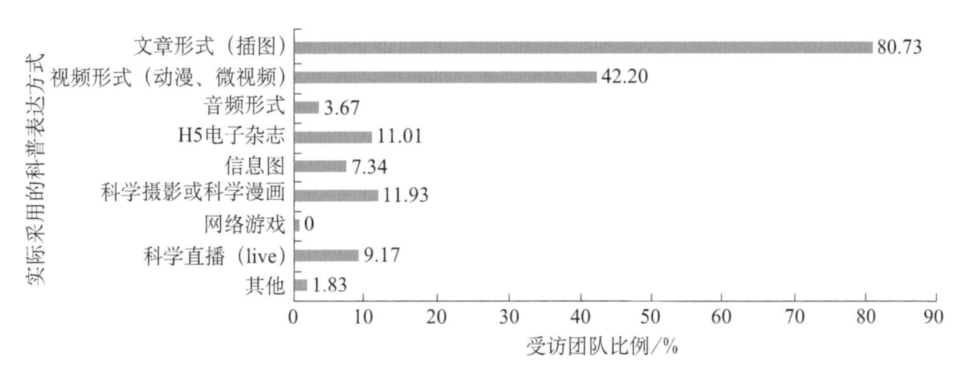

图 2-10　实际采用各种科普表达方式的团队比例（多选）

比较图 2-9 与图 2-10，团队擅长的科普表达方式与在科普创作实践中采用的表达方式的分布比例基本一致。结果进一步验证了作为整体的科普创作团队在科普表达方式上的选择倾向性。

（三）科普作品的传播途径：较集中于社交媒体渠道

关于科普作品的传播途径，71.56% 的团队选择了“移动端科普融合创作”项目组提供的传播渠道，48.62% 的团队选择自有品牌的微信、微博公众号传播，42.20% 的团队通过自有品牌的自媒体号进行科普作品传播，28.44% 的团队通过自有网站传播（图 2-11）。通过团队填写的其他合作媒体的标注可知，知名的视频平台也是视频类作品通常采用的传播平台，如优酷、土豆、爱奇艺等。可见，对于各个科普创作团队而言，包括自媒体在内的社交媒体是他们热衷的科普作品传播渠道，而“移动端科普融合创作”项目组提供的公共传播渠道进一步促进了作品的广泛传播。

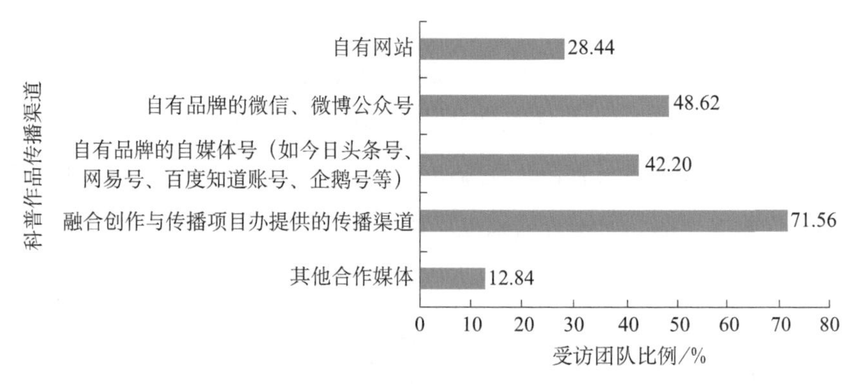

图 2-11　选择不同传播途径的团队占比（多选）

（四）参与科普创作动因：知识优势和责任所在

为了探究团队参与科普创作的动力和原因，调查问卷设计了六个观点，考察受访团队的认可程度。调查结果（图 2-12）显示，95.41% 的团队认同自身在科学知识方面具有市场竞争优势，近 90% 的团队认同科普是其主要职能，近 90% 的团队认同将科普列入其战略规划，超过 90% 的团队认同参与科普创作是因为兴趣爱好，70.64% 的团队认同科普作品是其副产品。

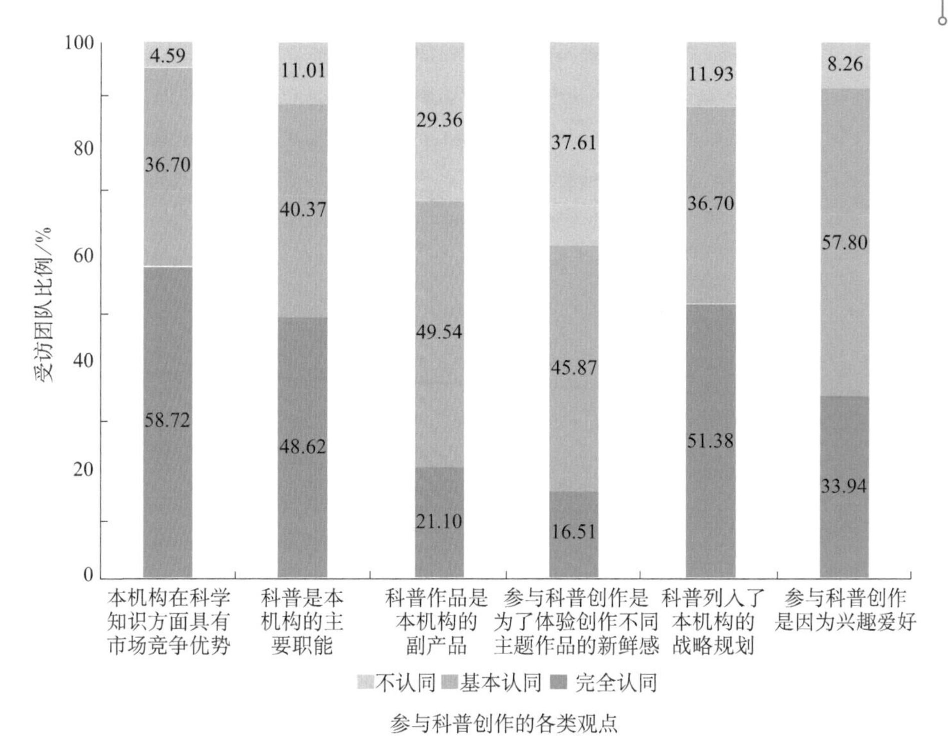

图 2-12　各个观点认可度的团队比例

调查结果间接显示了大多数团队参与科普创作的动因：既发挥其知识创造价值的优势，又履行其责任。值得注意的是，科普创作也被大多数团队认同为副产品，故调动创作积极性和提供有利创作条件是产生优质科普作品的催化剂。

（五）参与科普创作优势：人才资源优势和熟悉科普概况

调查结果（图 2-13）显示，66.97% 的团队认可“与科学家建立了紧密联系”是其从事科普创作的优势，63.30% 的团队认可“熟悉科普概况”是其从事科普创作的优势，55.96% 的团队认可“拥有能力卓越的编辑队伍”是其从事科普创作的优势。

因此，丰富的科技专家资源和优秀的编辑队伍是大多数团队认为其拥有的参与科普创作的优势，这显示出人才资源对于科普创作的重要性。另外，熟悉科普领域概况也有助于创造出好的科普作品。

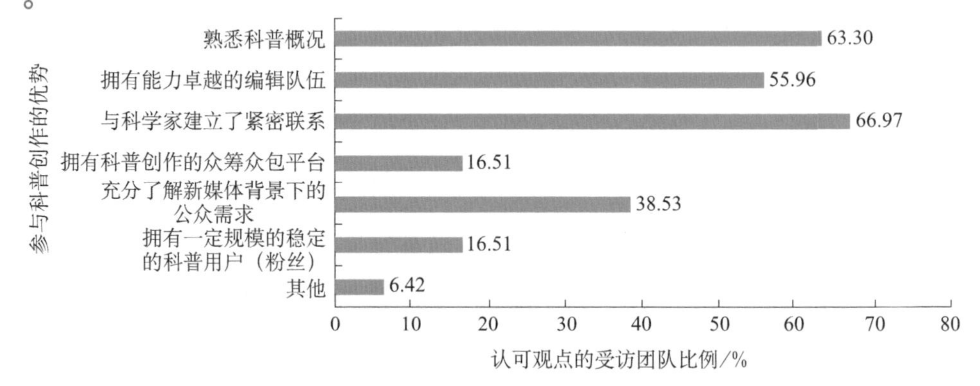

图 2-13　各种参与科普创作优势的团队占比（最多选 3 项）

本节宏观梳理了科普供给侧科普内容资源汇集的三种模式，它们分别适用于不同类型的科普内容资源；其优势和劣势非常明晰，实践中综合采用各种模式可以实现科普资源的有效汇集。通过团队问卷调查的方式，从微观角度了解到科普供给侧在创作和传播方面的现状。其中，科普主题内容、科普表达形式、科普作品传播渠道等方面与公众的需求有较大程度的契合，也存在继续提升的空间。科普创作与传播团队的科学知识储备、人才资源储备方面比较充分，建立激励机制有助于可持续发展。

第三节　供给侧改革对科普组织的挑战

供给侧结构性改革原本是指调整经济结构，使要素实现最优配置，提升经济增长的质量和数量。对科普而言，重视供给侧改革同样具有重要的意义。科普供给侧改革，可以扩大科普的有效供给，使科普的供给结构适应公众的需求变化，更好满足广大人民群众的科普需求，促进科普的持续健康发展。在新的形势和要求下，科普组织面临新的挑战，需要在科普创作、传播方面进行转变。

一、科普创作的挑战

（一）科普创作新要求：需求导向、热点切入、技术融合、碎片阅读

上两节中，我们分别从公众和科普供给者的角度分析了科普的需求和供给情况。在互联网时代，伴随着新媒体的兴起和流行，科普创作面临新的挑战。对科普团队的调查中，受访的各个团队对新媒体时代科普创作的要求进行了选择。排在前四位的分别是，创作作品能够获得读者关注（吸引眼球）(59.63%)、创作作品与新闻热点、焦点紧密结合（55.05%）、创作人员掌握新媒体技术（46.79%）、把长篇幅科普作品转化成短篇幅作品（45.87%）(图 2-14)。

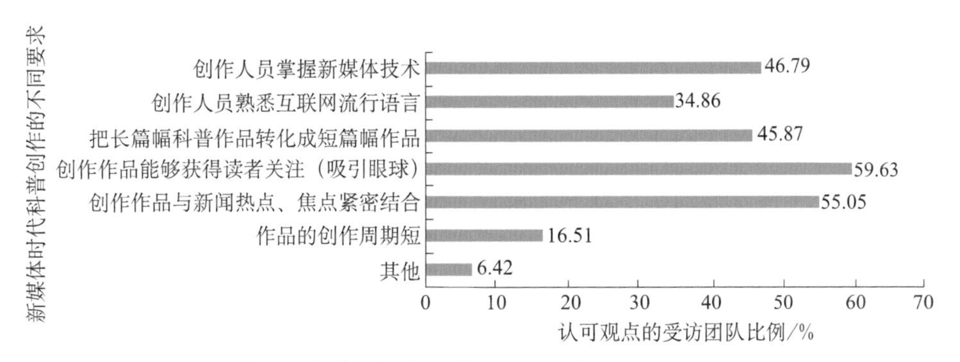

图 2-14　新媒体时代科普创作不同要求的团队认可占比（最多选 3 项）

调查结果给科普供给侧改革带来启示，新媒体时代的科普创作要达到四个方面的基本要求：遵循需求导向、寻求热点切入、强化技术融合、适宜碎片阅读。具体阐述如下。

首先是遵循需求导向。科普供给侧要立足公众所关注的内容，理解公众看问题的视角，才能创作出公众喜爱的科普作品。科普作品在拥有优质的科普内容基础上，要善于抓住公众的注意力，吸引公众的关注。作品标题、语言运用、编辑排版等方面都应更令人赏心悦目，才能在浩如烟海的信息流中得到关注。

其次是寻求热点切入。科普供给侧要从热点、焦点的新闻内容切入，解读

热点新闻背后相关的科学知识和内涵。科普的内容要善于与生活实际结合，与社会关注的事件结合。科学松鼠会和果壳网所秉持的“所有新闻都是科学新闻”理念，与此异曲同工。

再次是强化技术融合。科普供给侧要把科普内容与新媒体技术很好融合，用合适的展现形式表达传播的内容。比如，图文式的科普作品，在描述一些复杂的科技过程中，如果采用动图的表达方式，就比用静态图片更直观和清晰，带来一目了然之感。

最后是适宜碎片阅读。科普供给侧要适应公众碎片阅读的行为习惯。随着移动互联技术的普及，人们阅读的场所和方式都发生了很大变化，碎片化的阅读占了较大比例。因此，创作的科普作品也要适合公众阅读行为的变化，文章形式的作品篇幅不宜过长，视频作品播放时长须进行剪辑缩短。

（二）团队参与科普创作遇到的难题：平衡“科”与“普”位居首位

调查结果（图 2-15）显示，各团队参与科普创作遇到的难题排列前四位的分别是，平衡作品的科学性和通俗性（48.62%）、不断创新作品的表达形式（创意）（34.86%）、科普创作难以形成持续性的稳定工作岗位（33.03%）、更恰当地融入新媒体技术（31.19%）。

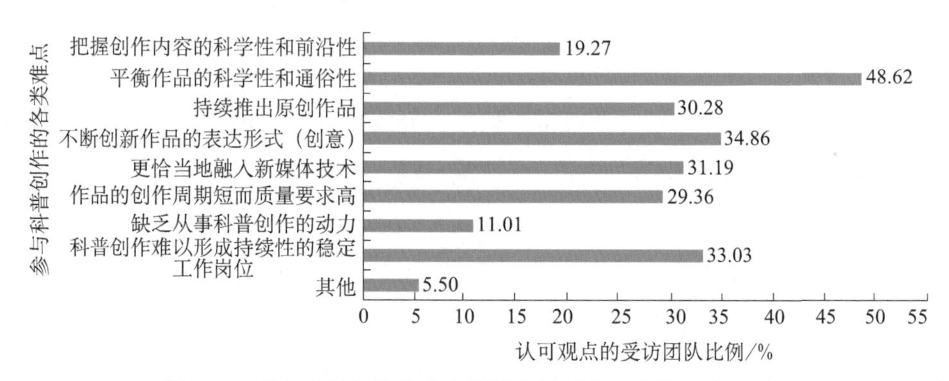

图 2-15 参与科普创作各难点的团队认可占比（最多选 3 项）

值得一提的是，平衡作品的科学性和通俗性的问题比较突出，超出排列第二位的不断创新作品的表达形式（创意）十几个百分点。各创作团队深谙科普作品不是科研论文，如果为追求准确性而使用太多难以理解的术语，便影响了可读性，降低了受众阅览的兴趣；但科学性又始终是科普作品的灵魂，寻找其中的平衡点的过程是艰辛的。优秀的科普作品能把握好准确表达与通俗表达之间的平衡点。

二、科普作品传播中的挑战

（一）提升传播效果的关键因素：通畅的媒介渠道、发布的时效性、发布的公信力

如果不考虑科普作品本身的质量，从传播角度来看，哪些因素是影响传播效果的关键呢？调查结果（图 2-16）显示，受访团队认为提升科普作品传播效果的关键因素排列前三位的是：有畅通的渠道向主流媒介推送作品（68.81%）、事件发生后的快速响应（时效性）（57.80%）、发布主体的科学权威性（公信力）（46.79%）。

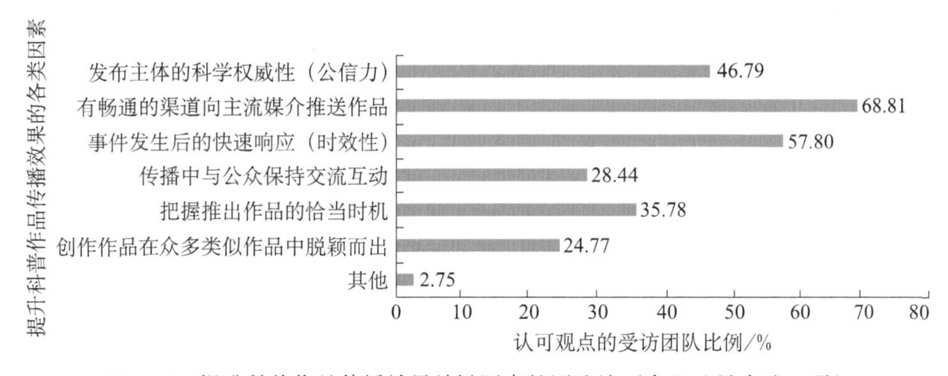

图 2-16　提升科普作品传播效果关键因素的团队认可占比（最多选 3 项）

为了提升科普作品的传播效果，处于科普供给侧的科普组织要从三个方面着手：首先是要与主流媒体建立密切的交流合作，了解不同媒介播放作品在规格上的基本要求，搭建科普作品的传播通道；其次是要发布及时，尤其是与热点、焦点事件相关的科普作品要注意时效性；最后是科普信息发布方要具有公信力，以此获得公众的信任。

（二）团队传播科普作品的难题：在知名度、快速响应、互动经验上的欠缺

调查结果（图 2-17）显示，各团队传播科普作品遇到的难题排列前四位的分别是，团队缺少知名度，需要积累人气圈粉（45.87%）；难以快速响应，失去最佳传播时机（44.95%）；严格内容审核与及时传播之间的矛盾（36.70%）；缺乏与公众互动的经验（25.69%）。

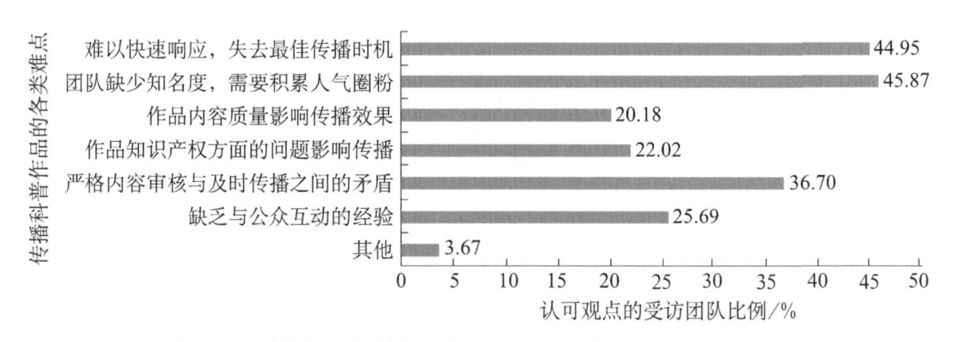

图 2-17 科普作品传播各难点的团队认可占比（最多选 3 项）

本节在分析当前科普创作和传播现状的基础上，结合团队问卷调查，概括总结了在科普供给侧改革的背景下，科普组织所面临的挑战。在科普创作过程中，科普组织创作的作品要遵循新媒体时代科普创作的新要求，即需求导向、热点切入、技术融合、碎片阅读，重点需要突破的难点问题是平衡作品的科学性和通俗性、产生科普表达形式的新创意以及形成持续性的稳定工作岗位等方面。在科普作品的传播过程中，科普组织要抓住提升传播效果的关键因素，即通畅的媒介渠道、发布的时效性、发布的公信力，同时要克服在传播中缺少知名度、难以快速响应、缺乏互动经验等困难和问题。

第三章 科普信息化的经验借鉴与价值提升

信息化不是“全或无”的两极状态，而是运用信息通信技术（ICT）系统地提升和变革传播方式的过程；信息化不是孤立的ICT应用，而是整体系统及其关联系统的结构变革；信息化不是静止的状态，而是应用ICT优化传播过程，以促进传播变革为目标，以提升传播价值和效率为核心的动态过程①。从互联网自身到教育、农业等垂直领域，乃至智慧城市这种集成各类ICT和传播业务的综合系统，都在不断发展新的信息化分支和协作机会。这些领域的信息化规律和特性，能够在顶层设计、ICT应用、业务模式等多个层面为科普信息化的中长期发展提供参考和借鉴。本章从四个方面探讨其他领域对于科普信息化的借鉴意义：简要回顾了“互联网+”的发展，反思信息化过程的动因、目标和创新；分别针对教育信息化、农业信息化和智慧城市三个领域，梳理其发展脉络及内在价值逻辑，并从中提出可供科普信息化中长期发展参考和借鉴的关键因素。

---

① 焦建利，贾义敏，任改梅. 教育信息化宏观政策与战略研究 [J]. 远程教育杂志，2014，(1)：25-32.

本章的讨论将揭示有关信息化的三个普遍规律。①各领域的信息化大都延续着两条发展脉络：一是ICT在核心业务过程中的应用以及ICT与核心业务过程的整合，例如ICT与教学过程的整合；二是ICT在业务系统内部以及在内部与外部系统的联结关系中的应用和整合，例如ICT与教育平台的整合。②第一条脉络主要涉及原本与业务过程紧密联系的一类ICT，例如教育技术或农业技术，依据的主要是专业性理论，例如学科教学理论或农业生产理论；第二条脉络主要涉及与整体信息化进程相关的一类ICT，例如移动互联网、物联网、大数据、云计算等技术，依据的主要是系统性理论，也就是一般的信息化理论。③两条脉络的融合是信息化从单项建设和技术驱动走向公众参与和知识驱动的重要标志，也是信息化摆脱“只建不用、只抓不放、只分不享、只整不合”的困境、转向融合创新发展的重要标志。以此为鉴，科普信息化除了立足于第二条脉络的“系统化联结”，还应该在科普专业技术与科普展教活动的微观整合层面深入进行理论和实践探索，并在公众参与的基础上持续开展科普效果评价。

第一节　省思“互联网+”：参与即创造

第十二届全国人民代表大会第三次会议政府工作报告中提出制定“互联网+”计划，强调“推动移动互联网、云计算、大数据、物联网等与现代制造业结合，促进电子商务、工业互联网和互联网金融健康发展，引导互联网企业拓展国际市场。”自此，“互联网+”作为一项国家战略，为未来国家各领域的发展指明了方向。

“互联网+”是指互联网引领下的新一代ICT在经济社会各部门的扩散、应用与深度融合，改变了以往仅仅封闭在某个部门或行业内部的传统业务模式。“互联网+”是全部参与者进行关系整合并从中创造新价值的一种“破坏性创新”，即打破原有业务体系中产权、分工等因素导致的固定模式，在信息资源的开放与整合中，评估和挖掘其中的效率因子，孕育出新的流程、规则乃至一整套新业务。

一、“互联网+”的关系建构：从网络平台到社会延伸

（一）从“+互联网”到“互联网+”

当前各行业正在积极探索各自的“互联网+”模式，而关于“互联网+”还是“+互联网”的争议是这种探索的焦点之一。从信息资源整合的过程来看，二者存在时间和逻辑上的递进关系。其中，“新的信息价值”“新的中间业务”“线上线下的双向融合（O2O）”这三种要素相继出现、彼此耦合乃至为业务价值链带来结构性转变，代表了从“+互联网”到“互联网+”的演进（图3-1）。

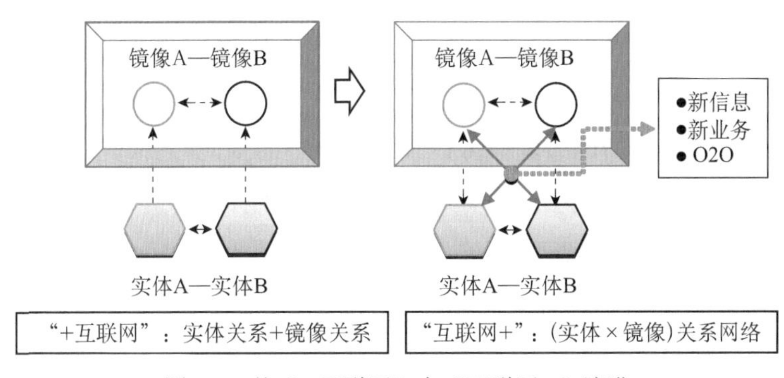

图3-1 从“+互联网”向“互联网+”演进

以电子商务的发展为例。传统电商主要基于网站开展服务，电商平台的优点是可以提供更丰富的商品信息，买家可以在电商网站上查看和挑选商品，与卖家咨询或协商，完成线上支付。这些环节只是通过网络模拟了原来的交易过程，方便买家查询和接洽，在线交易末端的远程支付和快递业其实已广泛应用于电视购物等领域。进入移动互联时代，电商的运营模式有了根本的变化。首先是买家的信息，包括身份资料、品位偏好、行为习惯等信息，被广泛及时地收集和聚合，并用于电商服务系统优化，买家的信息价值开始影响交易的细节；其次，评估和挖掘买家的信息价值成为一项新的业务，系统中出现了专门的数据提供商和咨询商；最后，信息价值的交易成为常态，同一个买家连接起线上和线下的各类业务活动，线上与线下交易密不可分。从“商务+互联网”

到“互联网+商务”的转变，其实就是人的信息价值整合进入电商系统，通过评估人的社会关系和行为提升电商的社会化程度的过程。

（二）“互联网+”意味着创造新生产力的新社会关系

在移动互联技术兴起以前，互联网主要以业务平台的形态存在。通过内容和产品信息的数字化和网络化，人们得以在各类互联网平台上完成部分业务交易。由于不同平台的信息区隔和功能局限，互联网往往只能实现单一的功能，只是复制或模拟了部分的实体业务，提升了局部的信息效率，而参与的主体、内容和规则不变，没有促成新的信息价值和社会关系。随着移动终端全面普及，信息资源实现了实时泛在的共享整合，互联网业务发生了结构性变化。借助大数据、云计算等技术，参与者的信息价值被充分挖掘并重新利用，原有业务体系中出现了新的参与主体，产生了新的业务，线上与线下业务逐渐融合。

新的信息价值、新的中间业务以及线上线下的双向融合，这些结构性变化中蕴含着创造新生产力的新社会关系，是“互联网+”向全社会延伸的重要标志。在更广泛的意义上，“互联网+”代表一种新的社会形态，即充分发挥互联网在社会资源配置中的集成和整合作用，调整和完善各类生产和传播要素的结构和关系，将信息资源价值深度融入经济社会各个领域，促进生产关系优化和生产力发展。

二、“互联网+媒体”：全民传播时代的机遇和挑战

（一）互联网改变了信息传播结构

从信息传播的角度来审视互联网带来的冲击，可以看到互联网对信息传播的双重影响。一方面，互联网在“击穿”传统媒体。凭借网络信息的高效传递，互联网建立了从信息源到受众的即时和泛在的联系，实现了从信息源到目标受众的“点对点”连接。在此过程中，因为传播强度和效率的差异，广播、电视和报纸等传统媒体的地位逐渐被弱化。另一方面，互联网也在创造新的媒体。互联网赋予更多个人和机构传播信息的能力和机会，使信息的双向流动加

速，也令媒体的分类更加精细，目标控制更加精准。传统媒体与新媒体的此消和彼长，以及社交媒体和自媒体的大量衍生，改变甚至翻转了之前的传播结构：传播不再以特定的媒体为中心，而形成多重信息源与传播路径并存的传播网络。在互联网传播中，信息与个体的关系是动态变化的，每个人同时扮演着信息接收、中转和发布等多种角色。

（二）社交网络塑造了新的信息权威

在信息与个体的新关系中，传播的机会和风险都加大了。理论上，互联网环境中的信息传递效率更高，传播途径更多，目标受众的选择也有着更可靠的依据。然而由于信息源的大量增加，在受众的认知能力有限的情况下，信息的甄别尤为困难，传统媒体的权威性受到了社交媒体和自媒体的挑战。随着社交网络的发展，更多人倾向于从自己的人际网络中获取信息，“关系的强弱[①]”成为影响信息决策的重要依据。这表明相对于传统媒体时代，社交网络中的人们对互联网信息的信任程度更多地受到情感因素的影响，人际网络成为影响传播目标的不确定因素[②]。

社交媒体的发展印证了互联网的传播特性。有研究表明，在微博这类平台上，信息的传播存在着同质化[③]、碎片化[④]、流言化[⑤]和娱乐化[⑥]的趋势。同质化是指用户的关注兴趣随着人际网络的定型而固化，关注范围逐渐缩小至其强关系网络；碎片化是指频繁闪现的热议话题，以及随议题而迅速消长的“公众议题[⑦]”；流言化是指人际传播引发的传播理性的缺失，以及高流量转发行为导致的证伪机制失灵；娱乐化是指在封闭人际网络以及多元议题的影响下，严肃性话题难以获得足够的生长空间，娱乐信息主导了为数不多的公共性话题。

---

① 李继宏．强弱之外——关系概念的再思考 [J]. 社会学研究，2003，(3)：42-50.

② Pfitzner R，Garas A，Schweitzer F. Emotional Divergence Influences Information Spreading in Twitter[C]. ICWSM-12，2012：543-546.

③ 廖宇飞．探析微博传播方式的发展困境 [J]. 湖北经济学院学报，2014，(9)：14-15.

④ 陈奕凌，梦丹．微博“碎片化阅读”的传播麻醉功能解读 [J]. 编辑之友，2014，(5)：19-21，25.

⑤ 隋岩，李燕．从谣言、流言的扩散机制看传播的风险 [J]. 新闻大学，2012，(1)：73-79.

⑥ 丁琳．浅谈微博的泛娱乐化倾向 [J]. 今传媒，2011，(11)：89-90.

⑦ 郑智斌，刘莎．公众议题的兴起——网络传播与传统新闻传播互动论 [J]. 南昌大学学报，2004，(3)：139-143.

（三）公共议题的维护仰赖“下凡”的权威

互联网传播对于追求稳定和准确的公共信息服务及议题设置带来了极大的挑战。驳杂的自媒体发布源，以及高度流动的社交传播，在灌注信息海洋的同时，将公共舆论场变成了喧闹的集市。一方面，新的信息权威模糊了不确定性信息与可靠的知识之间的界限；另一方面，自设议题的突发和流动对公共议题的设立和保持造成了冲击，削弱了“共识性”信息的竞争力。因此在多元化信息背景下，确立和维护公共议题在公共领域的主导地位，是消解社交传播的潜在风险的核心。

从微博平台近年来的发展可以看到，权威自媒体和知识精英在重建传播环境的过程中扮演了重要作用[①]。这表明，权威的信息和可靠的知识本身还不足以应对互联网新媒体带来的机遇与挑战，还必须依靠大量的专业信息权威进入次级传播网络，借助多级传播来强化影响力，才能在越演越烈的传播竞争中有效实现传播目标。

三、“互联网 + 产品”：O2O 社区中的用户价值

（一）线上与线下的双向融合

在“互联网 +”的发展过程中，有一个频频出现的关键词：O2O。互联网行业通常把这个词解释为“线上线下相结合”。如果仔细辨析这个词的含义，O2O 实际上包含两个相反的方向：一是从线下到线上，二是从线上回到线下。成熟的 O2O 业务模式大都同时容纳了这两个方向。相对于传统的业务模式，从线下到线上的模式强调将产品信息迁移至网络中，通过网络传播放大产品价值，并且鼓励用户通过线上操作完成交易，可以概括为“产品即内容”模式。从线上到线下的模式则强调为用户提供更精准的内容服务，通过线上内容将用户引流至线下场景，促成从潜在用户到实际用户的转化，可以概括为“内容即产品”模式。

---

① 朱春阳．政治沟通视野下的媒体融合——核心议题、价值取向与传播特征 [J]. 新闻记者，2014，（11）：9-16.

（二）产品价值与用户价值的双向融合

成功的O2O不仅是对现有产品做线上营销，更重要的是运营者通过线上服务与线下合作伙伴及用户活动进行交互的过程，其中用户价值的挖掘和利用是O2O运营升级的关键因素。从互联网O2O的发展来看，从线下到线上是第一个阶段，主要表现在各类O2O平台的生长和扩张，O2O平台的直接用户是内容和产品提供方（机构用户），第三方用户是个体消费者（个体用户）。从线上到线下是第二个阶段，主要表现在O2O服务的针对性和精细化，这个阶段O2O平台的直接用户已经转变为个体用户，第三方用户是机构用户。这种转变过程体现了互联网的价值共享原则：当O2O平台的信息资源主要来自机构用户时，平台输出产品价值，将产品与用户连接起来；当O2O平台的信息资源包含了个体用户的行为数据时，平台同时输出了用户价值，为用户推荐合适的产品，同时将用户与产品连接起来。

（三）O2O平台的社区化

对用户价值的深度挖掘促进了O2O平台的社区化，其核心是内容生产机制和用户行为规则的建立和细化。在UGC（用户生产内容）、PGC（专业生产内容）和OGC（职业生产内容）等内容生产机制的交互作用下，平台用户按其自身需求细分为不同的类别，内容和产品通过用户行为（阅读、转发）以及各类用户的互动（关注、评论、打赏）实现组织、渗透和分发，活跃用户成为社交内容和产品的驱动力量。这样的传播模式充分利用了互联网的二级传播效应，将内容营销聚焦于对用户行为的激励，有利于在高度流动的传播网络中建立相对稳定的传播渠道，并且有利于活跃用户、稳定用户和潜在用户的甄别、挖掘和管理。

视 窗

O2O社区中的三种内容生产机制

一般来说，O2O社区中的用户价值是基于用户贡献内容的。目前O2O平台的用户内容有三种来源：①UGC，指普通用户贡献的免费内容，包括评分、评论、意见以及其他行为数据；② PGC，指专业人士贡献的专业内容，主要指免费原创内容，也包括付费内容，例如果壳网、知乎等知识社区中形成的内容产品；③ OGC，指以内容生产为生的人贡献的专业内容，主要指付费原创内容，例如安卓（Android）生态系统中的开发者贡献的内容或产品。在成熟的 O2O 生态中，这几类内容的传播依附于社区中的用户互动，天生即带有社交产品的属性。

四、借鉴与提升：科普人社区的兴起和成长

（一）科普领域对于“互联网 + 科普”的探索

《中国科协科普发展规划（2016—2020 年）》明确提出实施“互联网 + 科普”工程并打造“科普中国”品牌，“互联网 +”正式进入全国科普系统的视野。随之而来的现实命题是，传统科普如何适应和融入互联网社会，如何探索和开拓科普自身的“互联网 +”模式。

回顾各行业的“互联网 +”发展，可以看到“信息资源”“传播网络”“O2O 社区”在其中扮演了关键角色。这些角色卷入信息化系统，通过线上线下双向融合，整合产品和用户信息，挖掘信息价值，创造新的效率因子以推动业务创新。在构建这三类“互联网 +”角色方面，从早期的网络科普到当前的科普信息化，科普领域已经进行了一定的探索。一是全面开展在线科普资源的整合。以“中国数字科技馆”为代表，传统的图书、视频、挂图等科普产品，经过数字化及网络化的制作、收集和传播过程，形成了规模化、体系化的科普内容库。二是广泛运用网络新媒体，推动众多的科普权威进入科学传播网络。传统科普机构纷纷建立网络媒体平台，许多高校和科研院所开通官方科普自媒体服务。随着“丁香医生”“赛先生”“知识分子”等科普新媒体获得极高关注，越来越多的科研人员组成的自媒体团队进入网络科普第一线。三是在营建 O2O 科普社区方面进行了积极探索。2010 年上线的果壳网是较早开始向 O2O 社区转型的科普媒体，围绕科学人、果壳小组和果壳问答三个板块，聚集了一批优秀的科普创作者和科普爱好者，通过加“V”用户和普通用户的互动，实现社区内的 UGC、PGC 和 OGC 整合，将科普内容的生产、转化和传播与社区产品

的采编、制作和出版紧密结合起来。

“科普中国”是科普领域全面实施“互联网＋科普”的代表性行动。它以内容建设为核心，组织社会化专业团队生产数字内容，借助互联网媒体平台分发和传播内容，依托本地网络和落地终端推广内容服务，结合在线科普资源开展线下活动，已初步形成“社会生产、网络传播、垂直落地、从线上到线下”四位一体的信息化格局。“科普中国”巩固了“互联网＋”的核心要素，为科普供给侧的深度信息化奠定了技术、资源和平台基础。

（二）科普信息化仍然面临多方面的挑战

1. 挑战 1：科学传播与互联网文化的潜在冲突

当前的互联网文化倡导多元价值观和民主议事原则。网民的兴趣选择更多样，对信息权威的信任更私人化，更依赖其社交领袖和人际网络进行价值判断。这些因素放大了科学的不确定性对既定传播目标的消极影响，消解了科学权威相对于其他权威的专业地位。并且，在公共议程被快速解构为碎片化议题的过程中，科学因素在议题引导中的作用被严重排挤、稀释乃至漠视。科学在源头上缺少与互联网制度、文化和情感的联系，这迫使科学传播的重心向公众的私人领域转移。但是，科学传播作为一种社会行动，需要在重塑公共议程的稳定性和显示度的同时，保持在互联网信息权威中的领导力。这要求科学传播深度融入互联网生活中，加入互联网社会的价值判断和民主议事过程。这意味着，科学权威需要在互联网传播中确立新的身份，与目标受众建立更加稳定和私人化的联结。

2. 挑战 2：信息孤岛阻碍科普资源的深度整合

在“互联网＋科普”的意义上，科普资源整合不仅是单一维度的内容生产和集成，还必须在深入传播网络、激励用户与内容交互的同时，完成对科普内容、活动、场馆、媒体、用户等多维信息的深度整合。资源整合的目标不仅是形成更丰富的科普内容资源，更在于形成一个基于用户行为的科普信息化系统。系统中的各类科普信息不再按照科普资源的传统分类进行结构化，而是以用户的需求为中心，根据具体场景形成流动的信息结构。这要求科普系统打破内部的信息孤岛，在科普网站、媒体平台、场馆信息系统及其他科普业务平台间实现信息共享。

3. 挑战 3：科普内容缺少高效的网络传播机制

在“信息爆炸”和碎片化背景下，社交网络主导着信息的显示度和影响力。在科学传播的源头上，科普内容的生产主要由专业人员主导。在进入二级传播网络之前，没有经过潜在用户的讨论和互动，科学议题缺少形成“群体性事件”的发酵环境。这导致大量精心制作的科普内容进入传播网络后，很少能依靠“围观群众”的口耳相传而深入其社交网络，难以形成网络热点。从以往的经验看，能够在网络上流行的科普热点多集中于环境、军事、航天等领域。一方面，形成这些热点的原因是此类议题在前期都经历了发酵阶段，具备了形成“群体事件”的“民意基础”；另一方面，这些热点的发酵并非基于科普网络，而是来自其原生议题环境。科普领域还需要建立和完善系统内部的社交传播环境，在内容生产的过程中吸引更多用户参与和互动，培养更多稳定的积极受众，协助科普内容的二级分发和传播。

（三）“需求侧”信息化与科普深层次创新

“互联网 +”对生产关系的改造是创新生产力的源泉。从科普信息化的整体来看，“互联网 + 科普”目前已经开展了“供给侧”的结构调整，然而“需求侧”的信息化改造尚未成为焦点。由于大量网民的身份、需求和行为尚未纳入科普信息化的整体框架，科普受众的信息价值还未被充分挖掘和释放。尽管科普供给侧已经建立了信息资源、传播网络与 O2O 社区的雏形，但“互联网 +”要求的三类角色的紧密互动尚未充分运作起来。因此，完成科普需求侧与科普供给侧的信息整合，充分挖掘用户价值，通过用户活动打通各领域和地方的孤立信息化系统，从中培育一批社交型的科学传播领袖，在科学传播与目标受众之间建立更亲近和稳定的网络化连接，建立一个通向外部网络的科普“核心区”，是推动科普深层次创新和提升科普信息化实效的必要途径。

“核心区”意味着网络阵地的社区化：社区用户的身份、行为和关系网络成为科普信息的有效载体。通过由 ICT 建构的信息流动规则，用户活动带动科普信息资源的持续整合，形塑出社交型的科学传播领袖，为科普内容源赋予社交传播的效力，在社区产品上添加科学文化的烙印。在议题设置、内容生产、热点形成、二级传播等多个环节上，由社区制度文化所激励的用户活动成为

“有组织的科学传播行动”的实践形态。在遥远的大众媒体和分散的自媒体身后，“社区中的用户”作为“看不见的手”，维系科普供给侧与需求侧的紧密互动，推动线上线下双向信息化的持续运转。

从科普信息化的发展来看，从“丁香医生”“知识分子”等团队化的媒体科学人，到果壳网、知乎等制度化的知识社区，再到架构于全国科普信息化体系的“科普中国服务云”，正在延续网络科普阵地的社区化趋势。正在兴起和成长的“科普人社区”将成为科普领域完成信息资源深度整合、激励公众进入科学传播网络、有效回应互联网传播挑战的中坚力量。

第二节　融入教育信息化的价值重构

随着全球化和信息化深入发展，新兴技术不断被引进教育教学中，如人工智能成为学习伴侣、3D 打印支撑学习者创意实践、虚拟社区架构大规模合作学习等。运用 ICT 提升教育质量并使其在达成教育目标阶段发挥关键作用，围绕教育目标构建有利于优质学习和终身学习的 O2O 信息环境，越来越成为 21 世纪教与学变革的中心议题。在这方面，科普与教育正面临同样的挑战。

一、理解教育信息化：概念、规划和议程

（一）教育信息化概念的缘起

一般认为，教育信息化的说法产生于 20 世纪 90 年代。美国政府于 1993 年发布信息高速公路计划。该计划的核心是发展以互联网为核心的综合信息服务体系，推进信息技术在社会各领域的广泛应用，其中特别把信息技术在教育中的应用作为 21 世纪教育改革的重要途径。在西方语境中，很少使用“教育信息化”这样高度概括的概念，相关的一些具体说法包括数字学习（e-learning）、数字教育（e-education）、基于网络的学习（network-based education)、在线教育(online education)、计算机教育(cyber education),虚拟教育(virtual education)等。在表达教育信息化的内涵时,经常涉及的一些表述包括“ICT在教育中的应用”“技术驱动教育变革”“信息技术与教学的深度整合”等。

在国内,教育信息化的说法大概是20世纪90年代中期开始出现的。相关的概念包括“电化教育”“教育技术”“计算机辅助教育”“教育现代化”等。20世纪末期,随着网络技术的迅速普及,整个社会的发展与信息技术的关系越来越密切,人们越来越关注信息技术对社会发展的影响,“社会信息化”的提法开始出现,联系到教育改革和发展,“教育信息化”的提法也开始出现。目前,我国政府的各种文件中已经正式使用“教育信息化”的概念,并高度重视教育信息化的工作。

对于教育信息化的概念有多种不同的理解。单纯从教育与技术的关系看,教育信息化是指运用信息通信技术系统地提升和变革教育的过程[①]。延续这一定义,有国内学者将教育信息化理解为[②]:“信息与信息技术在教育、教学领域和教育、教学部门的普遍应用与推广。”更具体地说,教育信息化是指在教育中普遍运用现代信息技术,开发教育资源,优化教育过程,以培养和提高学习者的信息素养,促进教育现代化的过程[③]。

以上定义将教育信息化理解为信息、技术与教育、教学的融合过程,体现了三方面的内涵。①教育信息化包括信息与信息技术两个方面在教育、教学中的应用与推广,而非仅仅指信息技术在教育、教学中的应用与推广;②教育信息化在教育、教学中的应用与推广涉及教育、教学领域和教育、教学部门两大范畴(前者侧重教育、教学的应用,后者侧重行政管理的应用),而非仅仅涉及教育、教学领域或教育、教学部门中的一个范畴;③教学活动作为基于某种学习环境和组织形态的特定教育活动,是信息和信息技术变革教育过程并实现教育目标的核心落点。

① 焦建利,贾义敏,任改梅.教育信息化宏观政策与战略研究[J].远程教育杂志,2014,(1):25-32.

② 何克抗.我国教育信息化理论研究新进展[J].中国电化教育,2011,(1):1-19.

③ 南国农.教育信息化建设的几个理论和实际问题(上)[J].电化教育研究,2002,(11):3-6.

（二）国内外教育信息化的政策规划

1996～2016 年，随着美国教育部连续五次发布《国家教育技术计划》（NETP），美国基础教育开始了以 NETP 为蓝图的信息化进程。在 1996 年发布的第一个 NETP 中，美国总统克林顿强调："为了将信息时代的威力带进我们的全部学校，到 2000 年，要求使每间教室和图书馆连通互联网；确保每一个儿童能够用上现代多媒体计算机；培训所有教育者，使他们能够像使用黑板那样自如地使用计算机；增加高质量教育内容的运用。"NETP 面向学习变革、教授变革和评估变革，涵盖基础设施升级和应用系统重构，其发布和实施意味着 ICT 不再只是教育教学的工具，信息化成为教育教学的一部分。

2008 年，英国教育传播与技术署发起"下一代学习运动"。该运动主要针对父母或法定监护人、用人单位和学习者，从六个方面提高教育质量。①完善教育：制定一项运用技术以提高学习效率的策略；②可持续发展：综合技术相关的经济、社会和环境因素以促进学习；③追求最佳效益：通过合理途径和成本以获得可靠适需的技术；④保护学习者：防护、教育并增强访问网络的安全性；⑤激励家长参与：确保家长能够访问和使用技术，以对子女的学习产生积极影响；⑥促进学习个性化：支持学习者高效而有选择地使用技术以满足个人需求。

新加坡分别于 1997 年、2003 年、2008 年实施《教育信息化发展规划》（MP），即 MP1（1997—2002 年）、MP2（2003—2007 年）和 MP3（2009—2014 年），使教育信息化得到了飞速的发展。2015 年，新加坡教育部又启动了教育信息化第四期发展规划——MP4（2015—2020 年）。MP4 关注的焦点从自我导向性学习和协作学习拓宽到全部课程，与新加坡倡导的以学习者为中心、以价值为导向的教育一致[①]。

2010 年日本政府启动"未来校园"项目。该项目旨在于 2015 年前，利用平板电脑为所有 6～15 岁的在校生提供电子化图书，并于 2020 年前完成全国范围的普及和应用。同时，日本政府还发布了两份有关教育信息化发展的指导

---

① 孙兴华，马云鹏．兼具深度广度：新加坡基础教育改革的启示 [J]. 外国教育研究，2014，（6）：68-78.

性文件，即《教育信息化展望大纲》和《教育信息化指南》。这两份文件的颁布又把日本教育信息化发展推向了一个新的高度。

法国教育部门自 2013 年起逐步开展了“数字化校园”战略的相关研究与部署工作，并于 2015 年 5 月 7 日举办了全国数字化教育研讨会，随之确立了宏大的“数字化校园”战略规划。该战略旨在充分利用数字技术帮助学习者成功，培养学习者的 21 世纪数字技能。法国总统奥朗德宣布将有 500 所中小学加入“数字化校园”战略规划，并纳入教育数字化系统，以促进教育公平。

我国于 2010 年发布《国家教育中长期改革发展规划纲要（2010—2020 年）》，提出“到 2020 年，基本建成覆盖城乡各级各类学校的教育信息化体系，促进教育内容、教学手段和方法现代化”。2012 年发布《教育信息化十年发展规划（2011—2020 年）》，提出“到 2020 年……基本建成人人可享有优质教育资源的信息化学习环境，基本形成学习型社会的信息化支撑服务体系”。2016 年发布《教育信息化“十三五”规划》，提出“到 2020 年，基本建成‘人人皆学、处处能学、时时可学’、与国家教育现代化发展目标相适应的教育信息化体系”。以上规划反映了我国教育信息化在不同阶段的理念、目标和建设重点。

（三）全球教育信息化的中心议程

2015 年，联合国教育、科学及文化组织（UNESCO）在中国召开首届国际教育信息化大会，针对今后 15 年全球教育发展的新目标，探讨 ICT 如何有效地发挥作用，尤其是探讨落后国家应采取哪些举措来推进教育变革。大会发布的《青岛宣言》① 明确提出 ICT 助力面向 2030 年教育发展议程的行动方案，全面阐释了各国推动教育信息化的共识。宣言的主要内容包括：开放教育资源与解决方案、优质学习、终身学习途径、在线学习创新、在线学习的质量保证和认可、监督与评估、责任感与合作伙伴关系。2030 年以前，这些内容将成为国际教育信息化交流与实践的中心议程（表 3-1）。

① 联合国教育、科学及文化组织．青岛宣言 [J]. 王海东，译．世界教育信息，2015，（15）：69-71.

表 3-1 《青岛宣言》提出的全球教育信息化议程

议程	目标	主体	案例
开放教育资源	教育公平 教学品质 教育创新	教育部门 教育机构	麻省理工学院"开放课件" Coursera、Edx 华文慕课 学堂在线
创新 ICT 应用模式	优质学习 信息素养 教育者转型	教育机构 学习者 教育者	韩国教育咖啡屋 麻省理工学院 TEAL 项目教室 东京大学 KALS 未来教室
扩大终身学习途径	终身教育 终身学习 全纳教育	教育部门 教育机构	欧盟科隆威计划 芬兰终身学习战略框架 美国回归主流运动
在线学习创新	既有学识评价 基于能力的学习 大数据监督学习	教育部门 教育机构 学习者	美国"教育者学习之旅" 佛罗里达大学创新学院 巴尔的摩连线学院 普罗米修斯社区
在线学习的质量保证和认可	在线学习的可信度 学习者评定认证 正规与非正规教育融合	教育机构	青岛宣言：基于能力、基于学档、基于在线徽章、基于同行评议
监督和评估	跟踪教育信息化实施效果	政府部门 教育机构	UNESCO 亚太教育信息化绩效指标体系 《全球教育监测报告》
开展教育合作 发展多层次伙伴关系	推动教育信息化政策实施 共创共享教育资源 构建以学习者为中心的生态	全体利益相关者	中国"三通两平台"

二、教育信息化发展：从教育技术到学习环境

联合国教育、科学及文化组织将 ICT 与教育融合发展的过程划分为四个阶段：起步、应用、融合、创新[①]。2000年以后，发达国家及少数发展中国家已经基本完成基础设施建设，转向教育信息化资源的应用普及，形成较完善的 ICT 教育资源网络，开始探索信息、技术与教学的深度融合发展模式。

① Shyamal Majumdar. Modelling ICT Development in Education[EB/OL].[2017-06-15]. http://www.unevoc.unesco.org/fileadmin/up/modelling_ict.pdf.

（一）我国教育信息化的历史发展

2011年前，我国教育信息化总体上分为三个发展时期："九五"期间（1996～2000年）是多媒体教学发展与网络教育启蒙期；"十五"期间（2001～2005年）是多媒体应用与网络教育发展期；"十一五"期间（2006～2010年）是网络教育建设与应用普及期。总体来看，这一阶段的教育信息化由我国教育部门规划和推动，其建设重点是教育信息化所需的硬、软件基础设施，包括国家教育网或国家教育科研网、城域教育网、校园网以及多媒体教室等，在涉及信息与信息技术在教育、教学过程的应用时，更多地关注信息与信息技术在课前或课后的应用[①]。

基础教育信息化的发展可以概括为"一个信念，两大计划，三个项目"[②]。我国在1997年全国第一次信息化工作会议上确定了"教育信息化带动教育现代化"的理念。2000年全面启动中小学"校校通"计划，同期实施全国中小学普及信息技术教育计划，为高中制定信息技术教育课程标准。为确保以上计划的顺利实施，有关部门组织实施了三个支撑项目：2001年建立国家基础教育资源库建设项目；2003年起实施面向农村和边远地区中小学信息化环境建设的现代远程教育工程（"农远工程"）；2005年启动中小学教育者教育技术能力建设项目。

高等教育信息化的发展按照信息基础设施建设、数字化资源建设、高校现代远程教育工程三条主线推进。信息基础设施方面的重点项目包括中国教育和科研计算机网（CERNET）、数字化校园建设、中国教育科研网格等；数字化资源建设项目包括中国高等教育文献保障系统（CALIS）、大学数字博物馆、高等学校精品课程等。1999年起大学网络远程教育开始试点并逐步推广到68所高等院校；2000年网络教育技术标准化专家委员会成立，后更名为教育信息化技术标准委员会，成为全国信息技术标准化技术委员会教育技术分技术委员会。

在职业教育信息化领域，教育部从2002年开始建设国家职业教育资源库，

① 何克抗．迎接教育信息化发展新阶段的挑战[J]. 中国电化教育，2006，（8）：5-11.

② 祝智庭．中国教育信息化十年[J]. 中国电化教育，2011（1）：20-25.

开发了全国中等职业学校学生信息管理系统、国家级重点学校评估远程填报系统、中等职业学校就业信息服务平台[①]。为了克服“穷国办大职教”[②]的问题，2005 年国务院提出加强职业教育信息化建设，投入 100 亿元用于职业教育的学校建设、实训基地装备建设、教育者培训建设这三块信息化的建设，自此职业教育信息化建设开始有了突飞猛进的发展。

2011 年以后，随着《教育信息化十年发展规划（2011—2020 年）》的发布和实施，我国新一轮教育信息化不再只是教育技术建构与应用，而侧重于构建全方位的学与教信息化环境，发展教育技术与“人”的关系。教育信息化建设的重点是各类教育资源、各学科教学资源（包括网络课程和相关的学习资料）以及资源管理平台、网络教学支撑平台；在继续关注教育、教学部门的行政管理与教学管理应用的同时，教育信息化应用的重点逐渐转向教育、教学过程。2010 年以来的实践表明，只有真正促进教育、教学质量提升，教育信息化才能健康、持续、深入发展；对信息与信息技术在教育、教学过程中的应用，不仅应关注课前及课后，同时应高度关注其在课堂教学中的应用。

（二）ICT 在教育信息化不同阶段的角色转变

从全球实践的角度来看，教育信息化的前三个阶段可以总结为“基础设施建设”（起步）、“强调教学应用”（应用）和“反思探索”（融合）[③]。各阶段的教育信息化的建设重点有所不同，但整体上遵循从推动“建设”到强调“应用”、从辅助“教授”到适应“学习”、从搭建“平台”到构建“环境”的发展路线。教育信息化的发展往往伴随着教学理念的深刻变革，也意味 ICT 在教育变革中的角色发生变化：从“利用 ICT 共享教育资源”（起步），到“整合 ICT 与教学过程”（应用），再到“重塑教育者、学习者、知识、情境间的互动和协作”（融合）（表 3-2）。

---

① 刘培俊 . 关于职业教育信息化需求、供给与发展的生态循环 [J]. 中国教育信息化，2009，（15）：20-21.

② 《中国教育网络》编辑部 . 职业教育信息化：育人为本 应用驱动——专访教育部职业教育与成人教育司副司长刘建同 [J]. 中国教育网络，2006，（Z1）：5-8.

③ 何克抗 . 教育信息化发展新阶段的观念更新与理论思考 [J]. 课程 · 教材 · 教法，2016，（2）：3-10，23.

表 3-2 教育信息化的发展与理念演进

发展阶段	概念视角	技术角色	学习理念
1990～1998 年 起步 基础建设	局部要素观：从设施、管理、教学等局部要素认识教育信息化	工具导向：ICT 作为教育资源共享工具，搭建教育资源共享平台	通过基于 ICT 的教学方式，影响和改善学习者的学习行为
1998～2006 年 应用 教学应用	整体要素观：从政策、管理、评价、设施、资源、技术、教学等要素全面认识教育信息化	教育导向：ICT 作为教学创新要素，整合到教学的目标、内容和过程中	通过 ICT 与学科教学的深度整合，影响和强化学习者的认知过程
2006 年后 融合 反思探索	生态观：重新认识教育信息化各要素在情境中的联系，优化要素间的互动	学习导向：ICT 作为学习创新要素，融入教育者、学习者、知识和情境的互动和协作中	构建 ICT 知识空间，实现个性、泛在、合作、探究、从具体情境（问题、任务）出发的学习

发展阶段	教学模式	发展目标	建设重点	代表案例
1990～1998 年 起步 基础建设	基于计算机的辅助教学	搭建教育信息化所需的软件和硬件平台	软、硬件建设，教育、教学、管理等环节上课堂外的信息化应用	智能导师系统、计算机辅助教学系统
1998～2006 年 应用 教学应用	基于多媒体的辅助教学	实现 ICT 与学科教学的深度整合	教学资源开发共享，ICT 深入教育、教学过程，关注课内应用	多媒体辅助教学、课件、资源库等
2006 年后 融合 反思探索	基于在线网络的探究式学习	关注学习者的能力结构，利用 ICT 创造有利于优质学习的知识空间	以多媒体和互联网为标志的 ICT 环境，ICT 教学资源网络普及化	翻转课堂、慕课、WebQuest

视 窗

“翻转课堂”的前世今生[①②]

“翻转课堂”（flipping classroom，也称“颠倒课堂”）近年来成为全球教育界关注的热点，2011 年还被加拿大《环球邮报》评为“影响课堂教学的重大技术变革”。“翻转课堂”的兴起应归功于美国科罗拉多州落基山林地公园高中的两位化学教师——乔纳森·伯尔曼（Jon Bergmann）和亚伦·萨姆斯（Aaron Sams）。2007 年前后，他们受到当地一个实际

① 何克抗．从“翻转课堂”的本质看“翻转课堂”在我国的未来发展 [J]. 电化教育研究，2014，（7）：5-16.

② 祝智庭．翻转课堂国内应用实践与反思 [J]. 电化教育研究，2015，（6）：66-72.

情况的困扰：有些学生由于生病，无法按时前来上课，也有一些学生因为学校离家太远而在校车上花费了过多时间。这样导致有些学生因缺课而跟不上教学进度。为了解决这一问题，他们一开始使用软件去录制 PPT 演示文稿和教师实时讲解的音频，然后再把这种带有实时讲解的视频上传到网络（供学生下载或播放），以此帮助课堂缺席的学生补课。由于这些在线教学视频也被其他无须补课的学生所接受，一段时间以后，两位教师就逐渐以学生在家看视频、听讲解为基础，腾出课堂上的时间来为完成作业或实验过程中有困难的学生提供帮助。这样，就使“课堂上听教师讲解，课后回家做作业”的传统教学习惯、教学模式发生了“颠倒”或“翻转”——变成“课前在家里听、看教师的视频讲解，课堂上在教师指导下做作业或实验”。

最初，“翻转课堂”这种全新的教学模式仅仅是在科罗拉多州部分地区流行，但尚未被大范围推广。其原因是虽然很多教师认可“翻转课堂”，愿意参与这种形式的教学试验，但是要真正实施这种教学模式，他们还需克服一个重要障碍——制作教学视频（并非每一位教师都能制作出具有较高质量的教学视频）。正是在这个关口，“可汗学院”出现在全球教育者的视野。

“可汗学院”于 2004 年由孟加拉裔美国人萨尔曼·可汗（Salman Khan）创立，初衷是对亲戚家的小孩学习数学进行远程辅导，录制数学方面的教学视频，并通过优酷网（YouTube）供其他有需要的人士免费学习。可汗后来对这些教学视频内容作了补充，增加了互动练习软件，以便学习者进行数学训练。2007 年，他把教学视频和互动练习软件加以整合，在此基础上创立了一个非营利的教学网站——用教学视频讲解各学科（不仅是数学）的教学内容和网上读者提出的各种问题，并提供在线练习、自我评估、学习进度自动跟踪等学习工具。2009 年，可汗辞掉了自己的工作，专心投入这一教学网站的运行与维护，并将其正式命名为“可汗学院”。

2010 年，“可汗学院”引起了比尔·盖茨的关注，并相继收到比尔和梅林达·盖茨基金会以及谷歌公司的数百万美元资助，从而获得了更大范围的影响，网站的教学视频的质量和学习支持工具的性能也进一步提升。2011 年，可汗在技术、娱乐和设计大会（technology、entertainment design，TED）发表题为“让我们用视频重造教育”的演讲，说道：“越来越多的学生来看‘可汗学院’的教学视频，但没有教师为此而担忧，因为他们发现这给了他们一个展示才华的机会。”“可汗学院”免费提供的优质教学视频，克服了实施“翻转课堂”的重要障碍，这就大大降低了广大教师进入“翻转课堂”的门槛，从而推动了“翻转课堂”的普及。“翻转课堂”不仅走出科罗拉多州，进入北美乃至全球教育工作者的视野，并受到热捧。

2011年后，随着“慕课”在全球教育领域的崛起，“翻转课堂”在课前家中实施的教学内容与教学方式又生了很大的变化。“慕课”的全称是“大规模开放在线课程”（massive open online courses，MOOCs）。它与以往的网络开放课程有两点重要区别：一是强调“互动与反馈”；二是倡导建立“在线学习社区”。“慕课”通过在授课视频中穿插提问、随堂测验和开展专题讨论，并鼓励学习者利用即时通信工具、社交网站及其他个性化学习工具主动浏览、获取相关信息与学习资源等方式，大大增强了课程实施过程中的交流、互动与反馈。与此同时，“慕课”还积极鼓励、倡导学习者在参与过程中（尤其是在完成作业或专题讨论的过程中），形成各种“在线学习社区”；倡导学习者根据不同的主题和个人的兴趣爱好，在不同的社交网站上构建起互助、协作、交流的亚群体；并随着亚群体人员的聚集、学习社区的不断扩大，又进一步衍生出与本课程相关的网站和资源库。通过以上两种方式——加强“互动与反馈”和倡导“在线学习社区”，学习者能在参与过程中产生一种沉浸感和全程参与感，这是“慕课”优于传统讲授和教学视频的地方。也正是“翻转课堂”与“慕课”相结合以后，“慕课”的优点更体现在教学内容与教学方式的拓展上所发生的发展与变化。

事实上，在“翻转课堂”的开创者乔纳森·伯尔曼和亚伦·萨姆斯看来，属于单向传授的教学视频播放并非“翻转课堂”的重点，他们最为关注的还是有利于发展学生深层次认知能力的教师与学生之间、学生与学生之间的交流与互动。为此，后来他们还把“翻转课堂”重新命名为“翻转学习”。

（三）教育信息化的创新发展

哈佛大学于2005年发布“开放ICT生态系统路线图”报告[①]，提出基于ICT构建信息化学习环境的未来蓝图：数字环境随时随地可以普适接入，网络

① 哈佛大学伯克曼中心．开放ICT生态系统路线图[EB/OL].[2017-06-15]. https://cyber.harvard.edu/epolicy/roadmap.pdf.

资源像水、电、空气一样方便地广泛共享。教育教学不再以教育者为中心，教育者是学习过程的参与和协作者，而非简单的“传道者”；学习者可以通过周围的社区、网络资源等学习；管理者自主管理；学习方式发生革命性变化，研究性学习、探究式学习成为常态，最终形成以学习者为中心的终身学习体系，进而形成学习型社会。

随着全球教育信息化进入反思探索的新阶段，“混合学习”（blended learning）的教育思想被重新诠释并赋予新的现实意义。美国学者曾对混合学习进行了较为全面的论述，认为混合学习意味着“多种 Web 技术结合、多种教育理念结合、教学技术与面授方式结合、教学技术与教学任务结合”[①]。相对于以学习者为中心的建构式学习，信息化背景下的混合学习倡导“面对面教授”与“以技术媒介的学习”的有机结合，即在强调以学习者为主体的同时，重新确立了教育者在 ICT 与学科教学整合中的主导作用[②]。

在混合学习观念兴起的背景下，有学者结合学习空间的“主动性、社会性和个性化”特性与开放网络的“数据支持、非线性、碎片化、智能化”特性，将同时容纳物理空间与在线虚拟空间的学习环境阐述为混合学习空间，认为混合学习空间能够兼容开放获取、自由参与、互动交流等特性，从整体上协调信息、技术、设施、人力等要素对学习过程的支持，更灵活地适应学习者需求[③]。

从面向终身学习的开放 ICT 生态系统，到融合学习者特性与知识交流特性的混合学习空间，它们都指明了 21 世纪教育信息化创新发展方向，那就是，①以学习者为主体，关注并评估学习者的信息素养与能力结构；②基于 ICT 重塑学习者与知识、情境及合作者的关系，促进 ICT 生态与学习空间的深度融合；③培训并发挥教育者在混合学习中的主导角色，提升教育者整合 ICT 与教学知识的能力；④基于教育数据跟踪教学效果，开展多个层面的教育信息化评价，促进 ICT 与学科教学的深度融合；⑤推动全教育领域参与信息、技术、设施等要素整合，构建面向优质学习和终身学习的信息化环境。

---

① Margaret Driscoll.Blended learning：Let’s get beyond the hype[EB/OL]. [2017-06-15]. http://www-07.ibm.com/services/pdf/blended_learning.pdf.

② 何克抗 . 迎接教育信息化发展新阶段的挑战 [J]. 中国电化教育，2006，（8）：5-11.

③ 吴南中 . 混合学习空间：内涵、效用表征与形成机制 [J]. 电化教育研究，2017，（1）：21-27.

三、借鉴与提升：融入教育信息化的价值重构

回顾教育信息化各阶段的发展，其核心价值可以总结为“以人为本，重学习，减负担，促发展”四个方面[①]。教育信息化就是围绕这四个方面，对相关教育信息、技术、人员、设施的角色和关系进行结构调整的过程。这对于科普信息化的中长期发展具有很强的借鉴意义。

（一）开展科普信息化评价

信息化评价是对现阶段信息化的反馈和调节，评价结果可以为新阶段的信息化规划提供借鉴。并且，利用ICT来改进评价策略及反馈效率，同样也是信息化发展的一部分内容。在教育信息化领域，评价是许多国家衡量信息化投资绩效的重要参考指标[②]。美国《国家教育技术计划》将“评价”列为五个重点领域之一[③]。新加坡在四阶段教育信息化发展规划中，始终将“ICT运用于教育课程与相应评价”作为实施教育信息化的重点之一[④]。

从活动维度看，教育信息化评价主要包括政策、研究、标准、技术四个层面。从各维度的发展趋势看，评价政策主要是理念更新，做好有关评价的顶层设计；评价研究主要针对多方评价方法；评价标准主要是制定统一的内容分类体系；评价技术主要涉及绩效技术和数据反馈[⑤]。

参考“起步、应用、融合、创新”四个阶段的划分，科普信息化目前处于强调基础设施建设以及一般业务应用的起步阶段。科普信息化的建设思路以技术导向为主，ICT应用策略主要指向技术性媒介，通过Web技术和新媒体增强

① 王慧，聂竹明，张新明．探析教育信息化核心价值取向——基于美国“国家教育技术计划”历史演变的研究[J]．中国电化教育，2013，（7）：31-38.

② 李思寰．高校教育信息化评价方法的研究[J]．中国管理信息化，2010，（2）：127-129.

③ 美国教育部.2016美国教育技术规划（17年更新版）[EB/OL]. [2017-06-15]. https://tech.ed.gov/files/2017/01/NETP17.pdf.

④ 新加坡教育部．教育信息化发展第四期规划[EB/OL].[2017-06-15]. https://ictconnection.moe.edu.sg/masterplan-4/our-ict-journey.

⑤ 张晨婧仔，王瑛，汪晓东，等．国内外教育信息化评价的政策比较、发展趋势与启示[J]．远程教育杂志，2015，（4）:22-33.

科普内容与受众的连接，但 ICT 与科普教育资源的整合尚未深入科普活动的实时过程。随着“科普中国”在全国落地应用，科普信息化将面临 ICT 与科普核心业务（展览、教育、活动）的深层次整合。这要求在不同层面对科普信息化的发展和落实开展评价，促成 ICT 在科普信息化落地应用中的角色转变，从中总结出合理的技术思维、规划理念和发展目标。

（二）重塑传播者的身份和能力

在信息化的融合阶段，ICT 不仅对单一的资源、流程或业务整合有贡献，其作用更体现在对信息化系统的各构成要素的关系调整，更加注重改善系统中的“人”与信息、媒介、设施的交流效果，针对“人”的新身份和能力构建必需的信息环境。这种改变对于“人”的信息素养提出了要求，也意味着信息化更加关注差异化的能力结构，需要根据不同的情境和对象，提供符合其能力和需求的信息形态。

科普信息化也将面对“人”的身份和能力挑战。在将 ICT 实时融入科普展览、教育和活动的过程中，传播者（科技辅导员和科学教师）需要在以学习者为主体的知识网络中重建自己的身份：从知识中介转变为“以技术为媒介的知识”的整合、交流和协作的主导者。为此，传播者要增强自身的信息素养，提升整合 ICT 与科普资源的能力，学习并尝试针对不同的群体、任务和情境，创造灵活高效的信息环境和学习体验。美国《国家教育技术计划》中提出了针对学习者和教育者的信息素养能力的阶段性目标（表 3-3），可供科普领域和广大传播者参考。

表 3-3 美国《国家教育技术计划》（NETP）中的信息素养能力阶段性目标①

身份 / 能力	NETP1996	NETP2000	NETP2004	NETP2010	NETP2016
学习者：主体情境中的知识建构者和协作者	学习者学习使用计算机和信息高速公路的能力	所有学习者都具有技术和信息素养技能，明白做什么和怎么做	培养学习者的虚拟网络领悟能力	学习者参与并充实其校内和校外学习经验，以成为全球化社会的积极、创新、博学和道德的参与者	学习者参与并充实在正式和非正式情境中的学习经验，以成为全球化社会中积极、创新、博学和道德的参与者

① 王慧，聂竹明，张新明．探析教育信息化核心价值取向——基于美国“国家教育技术计划”历史演变的研究 [J]. 中国电化教育，2013，（7）：31-38.

续表

身份 / 能力	NETP1996	NETP2000	NETP2004	NETP2010	NETP2016
教育者：主导面向“学习者-技术-情境”的知识整合、交流和协作的主导者	为帮助学习者利用计算机和信息高速公路进行学习，对所有的教育者提供培训	所有教育者都能有效地应用技术来帮助学习者达到更高的学术标准	改进教育者培训，提高教育者利用技术的水平和质量，实现个性化教学	通过技术支持，职业教师或其团队建立与人、数据、内容、资源、专业及学习经验的联系，促成并启发更有效的教学	通过技术支持，教育者建立与人、数据、内容、资源、专业及学习经验的联系，促成并启发更有效的教学

（三）融入混合学习空间

2000 年以来，当代教育教学的重心从教转向了学。从学习出发，就意味着扩展了教育的范畴，不再局限于正式学习，也关注非正式学习①。随着近年来教育界对以学习者为中心的建构主义学习理论的反思②，混合学习强调的“面对面教授与技术性媒介相结合”的教学方式重获关注，教育者在基于 ICT 的自主学习中的主导作用被重新评估并明确，混合学习空间的现实意义更加凸显。

科普场馆可以提供教育信息化要求的各类 ICT 资源和教学情境，是交流、协作、探究和建构的非正式学习的天然场所。在推动全教育领域进行信息、技术、设施等资源整合，融合线下和线上学习环境，技术性重塑知识、情境与学习者的关系，构建面向终身学习和优质学习的混合学习空间的过程中，科普领域与教育领域有长足的互补发展空间。科普领域应面向（中小学）科学教育目标，充分运用科普场馆的技术资源及其他信息化资源，推动非正式情境下的 ICT 与教学资源整合，将科普场馆及展教活动打造为新型知识融合空间，让科普教育成为混合学习空间中的知识交流和协作的“第二课堂”。

---

① 王萍．为未来而准备的学习——美国 2016 教育技术计划内容及启示 [J]. 中小学信息技术教育，2016，（2）：87-89.

② 何克抗．我国教育信息化理论研究新进展 [J]. 中国电化教育，2011，（1）：1-19.

第三节 关注农业农村信息化的知识鸿沟

在信息化向农村经济社会全面渗透的过程中，ICT 的影响逐渐深入农村的生产生活、治理服务、文化教育等各个领域。农业和农村的现代化作为推动“三农”发展的不同侧面[①]，二者的区别与联系贯穿于农业农村信息化的各个环节。在此背景下，建设面向“三农”现代化的信息服务体系成为一个长期的过程。科普领域需要在农业农村信息化过程中找准定位，从提升现代农民信息素养的角度发力，推动“人”的信息化发展，助推“三农”现代化目标的实现。

一、理解农业农村信息化：内涵和意义

（一）农业信息化与农村信息化的内涵

关于农业信息化和农村信息化的内涵及联系有许多讨论。一般认为，农业信息化是培育和发展以计算机、物联网、大数据等智能化工具为代表的新生产力，使之应用于农业领域，以大幅度提高农业生产效率，加速实现农业产业化和现代化的历史过程[②③]。农业信息化包含三个层面的现代化转型：①信息及知识成为农业生产的基本资源和发展动力；②信息和技术咨询服务业成为整个农业结构的基础产业之一；③信息和智力活动对农业增长的贡献增大。

农村信息化是指在农村生产经营、公共服务、政务管理及生活消费等各个方面广泛应用 ICT，以求更加有效、充分地开发和利用信息资源，促进信息共享和知识交流，推动农村经济发展和社会进步，加速实现农村现代化的历史进

---

① 朱道华 . 略论农业现代化、农村现代化和农民现代化 [J]. 沈阳农业大学学报，2002，(3)：178-181，237-238.

② 郭庆然 . 农业信息化推进农业产业化的策略研究 [J]. 农业经济，2009，(4)：70-72.

③ 卢丽娜 . 农业信息化基本理论研究 [J]. 农业图书情报学刊，2007，(1)：168-173.

程[①]。农村信息化同样包含三个层面的现代化转型：①ICT应用及信息资源开发是农村经济发展的必要途径；②信息共享及知识交流是农村社会进步的内在动力；③技术应用、信息共享、知识交流全方位渗透于生产、生活、管理、服务等农村社会活动，其助推作用需要政府、产业、农民等多主体参与。

从建设内容来看，农业信息化与农村信息化在基础设施、信息技术、信息资源、服务平台等方面彼此联系并相互影响；从发展目标来看，二者的服务对象都是农民，其目的都是为了提高农民的信息素养和分享信息化成果。农业的信息化必然要求农村的信息化，前者带动后者的发展，后者对前者起到环境支撑的作用。

（二）从“互联网 +”解读农业农村信息化

农业农村信息化是农业信息化与农村信息化的合称，二者的区别主要源于农业与农村的区别[②]。农村是个地域概念，一般指以农业生产者聚居的地方。现代农业则是个宽泛的行业概念，一般指“十字形大农业”，即一横一纵的立体产业结构[③]：横向主要指传统农业生产，包括植物、动物、微生物生产；纵向的上游是农业服务业，下游是农产品加工业或完成业（图 3-2）。

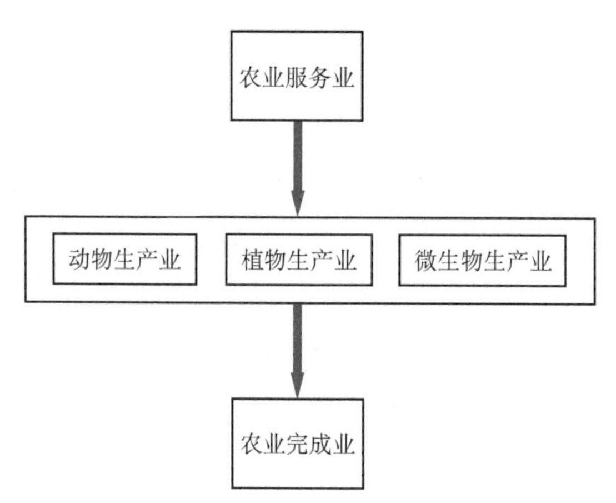

图 3-2 “十字形大农业”示意图

① 谭国良 . 我国农村信息化的内涵、障碍及对策 [J]. 江西农业大学学报，2007,（2）：86-88，131.
② 廖桂平 . 农村农业信息化面临的问题及应对策略 [J]. 湖南农业大学学报，2012,（2）：4-7.
③ 于光远 . 十字形大农业 [J]. 天津农业科学，1983,（2）：1-5.

按照《中共中央国务院关于深入推进农业供给侧结构性改革 加快培育农业农村成果新动能的若干意见》以及《"十三五"全国农业农村信息化发展规划》等相关文件的表述，农业农村信息化可以概括为：在社会信息化的背景下，坚持科学发展观，以信息化理论为指导，充分利用现代信息技术，提高农民的综合素质和实现农民个人的发展，促进农村农业发展方式由主要依靠资源和资本投入向主要依靠科技进步和提高劳动者素质转变，实现农村各项事业全面协调发展和形成城乡经济社会发展一体化新格局的过程[①]。

由此可知，农业农村信息化是在社会信息化背景下为解决"三农"发展不平衡的矛盾而提出的新概念。在"互联网 +"的意义上，农业农村信息化起源于 ICT 与农业的深度整合，这意味着从传统农业中衍生出新的信息价值（信息资源）、新的中间业务（信息服务）和连接生产与消费的 O2O 组织（中介网络），是农业与农村的信息化不断演化和相互融合的产物。在基础设施、技术水平、产业结构、制度环境、知识资源、信息素养等方面，这种演化和融合向传统农业社会提出了新挑战，它要求信息化的推动主体从以政府为主的建设者向以农民为主的参与者转变。

二、农业农村信息化发展：现状和问题

1979 年，遥感技术应用于农业是我国农业信息化的开端。1994 年，随着农业信息网和农科信息网相继开通，ICT 在农业领域的应用进入快速发展阶段[②]。2010 年以来，我国陆续出台《农业农村信息化行动计划（2010—2012 年）》《全国农业农村信息化发展"十二五"规划》《"十三五"全国农业农村信息化发展规划》等政策规划，确立了信息化在农业农村现代化中的核心地位。

（一）我国农业农村信息化发展现状

自 20 世纪 80 年代开始，我国农业农村信息化的建设已经在网络基础设施、农村信息服务、农业技术支持等方面取得了长足进步。相对而言，农业信息化

① 熊春林，符少辉．试论农村农业信息化的内涵与特征 [J]. 农业图书情报学刊，2014，(9)：5-8.
② 郑红维．关于农业信息化问题的思考 [J]. 中国农村经济，2001，(12)：27-31.

的发展整体上领先于农村信息化的发展，这是因为在政府主导的农业信息化进程中，基于ICT的农业技术被垂直应用于农业生产领域，为农业信息化提供了内部动力。截至“十二五”末，我国农业农村信息化的主要成就可以总结为：建立了产、学、研、政府、中介等多种角色参与的信息服务体系；多种智能化技术在农业生产链条中联合应用；农业农村电子商务快速增长；农业信息系统及行业数据库应用起步；农业农村信息服务开始进村入户；网络、技术、人员、标准、评价齐头并进（表3-4）。

表3-4 我国农业农村信息化发展现状①

领域	特点	现状
信息化体系	多角色参与	建立产、学、研、政府、中介等多角色参与的信息化服务体系
生产信息化	多种智能化技术联合应用	物联网、大数据、空间信息等信息技术在农业生产的在线监测、精准作业、数字化管理等方面得到不同程度的应用
经营信息化	电子商务快速增长	全国范围内形成农产品进城与工业品下乡的双向流通发展格局，出现了农资供销、生态农业等电子商务平台及运营模式，以及智慧农庄等新型信息化农业主体，农产品批发和期货市场的电子交易和数据共享程度不断提高
管理信息化	行业大数据应用起步	建成农业综合管理和服务信息系统，包括国家农业数据中心、国家农科数据分中心及省级农业数据中心。农业各行业信息采集、分析、发布、服务制度机制完善，农业大数据发展应用起步。建立中国农业展望制度，信息化延伸到市场宏观调控层面
服务信息化	信息服务进村入户	建成部、省、地、县四级的农业门户网站群。12316综合信息服务中央平台开通使用。信息进村入户试点范围覆盖26个省份，建立近8000个村级信息服务站。共享农场等社会化服务机构出现，电子政务、商务、扶贫等服务向农村基层渗透
基础支撑能力	网络、技术、人员、标准、评价并进	农村网络环境进一步完善，形成了产学研农业技术创新集群，农村信息员队伍初具规模，农业信息化标准体系建设起步，农业信息化评价指标体系研究取得新进展

① 农业部.“十三五”全国农业农村信息化发展规划[EB/OL]. [2017-06-15]. http://www.moa.gov.cn/zwllm/ghjh/201609/t20160901_5260726.htm.

视 窗

农业部“益农信息社”的建设情况

2014 年 5 月，农业部制定印发《关于开展信息进村入户试点工作的通知》及试点工作方案，随即北京、辽宁、吉林、黑龙江、江苏、浙江、福建、河南、湖南、甘肃等 10 个省级行政区正式启动信息进村入户试点工作，建立了 22 个县（市、区）级试点。截至 2015 年 12 月，“益农信息社”村级信息服务站建设覆盖全部试点县（市、区）超过 90% 的行政村。

2015 年 12 月，农业部继续印发《2015 年信息进村入户试点工作安排》，并发布了第二批全国信息进村入户试点县名单，在第一批试点的基础上新增了天津、河北、内蒙古、安徽等 16 个省级行政区，将省级试点覆盖范围扩大到 26 个，县（市、区）级试点范围扩大到 94 个，其中包括第一批的 10 个试点省份的 51 个，以及新增试点省份的 43 个。截至 2016 年 8 月，全国共建成县级试点地区 116 个，建成“益农信息社”7940 个。计划在 2016 年让试点覆盖所有省份，并在试点县中认定一批示范县，在 2017 年将试点范围扩大到 1/10 以上的县，到 2020 年让相关工作基本覆盖到所有县和行政村。

“益农信息社”的基本建设要求是，配备 12316 电话、显示屏、信息服务终端等设备，选聘村级信息员，接入宽带网络，提供免费无线上网环境，实现有场所、有人员、有设备、有宽带、有网页、有持续运营能力（“六有”）。

农业信息入户的指导思想是，以 12316 平台为核心，开展线上公益服务，丰富便民服务内容，推动电子商务在信息服务站（即“益农信息社”）全面落地，开展培训体验服务，完善市场化运营机制，部署并上线全国统一风险防控管理平台，在全国范围内探索形成信息进村入户的一整套经验和模式。

农业信息入户的长远目标是：①建设信息进村入户全国平台，开放平台功能，完善农产品生产、农业生产资料、消费、市场四类信息服务以及“三农”政策和农村生活服务，推进服务手段向移动终端延伸和服务方式向精准投放转变；②统筹和整合农业公益服务和农村社会化服务资源，推动信息进村入户与基层农技推广体系、基层农村经营管理体系以及 12316 农业信息服务体系融合，为农民和新型农业经营主体提供本地化的公益服务、便民服务、电子商务服务和培训体验服务；③以智能手机和信息化基础理论、示范应用、典型案例为主要内容，开展农民手机应用技能培训，组织技能竞赛，提高农民利用智能终端学习、生产、经营、购物的知识水平和操作技能。

（二）农业农村信息化发展中存在的问题

传统农业社会赋予农业、农村与农民（“三农”）相对独立和自洽的含义。在现代社会，“三农”与外部世界有了更为密切深入的交流，“三农”的内在封闭性和一致性被打破：农业因产业链延伸而耦合到多种经济实体，农村因农业活动多样化而承载了多元的环境功能，农民在农业结构变迁中扮演了多重角色。“三农”发展不平衡以及彼此间的支撑功能失调，是我国农业农村信息化面临的主要困境。

目前，我国农业农村信息化面临各地区农业信息化发展的水平不均衡、政府的支持力度不够、信息体系的基础设施比较薄弱、农村信息化人才短缺、农业信息法制法规建设十分薄弱等问题[①]。具体到信息管理和服务领域，主要表现为“三低两少”，即信息资源整合水平低、服务产品开发水平低、农民信息素养水平低、缺少市场化信息服务机制、缺少信息供需对接机制。尽管农业部及各省农业部门在基础设施、政策法规、信息标准、服务网络等方面推动了大量建设工作，形成并确立了全国性农业农村信息服务体系，但是基层农村的“三低两少”问题仍十分突出，这严重制约着农业农村信息服务有效落地。

在“互联网+”的意义上，“三低两少”问题可以概括为三个方面：一是“三农”信息资源及信息价值尚未充分整合、挖掘和利用，例如存在农业信息采集范围狭窄、传输渠道不畅、服务手段落后、服务面窄的问题[②]，又如存在强调基础设施建设而忽视服务内容建设的问题[③]；二是农业服务及中介网络尚未精细化和专业化，例如存在网络信息进村入户途径不一的问题[④]，又如存在农村信

① 赵静，王玉平．国内外农业信息化研究述评 [J]. 图书情报知识，2007，(6)：80-85.

② 高广生．构建完备农业信息服务体系 [J]. 前沿，2006，(6)：204-206.

③ 廖桂平．农村农业信息化面临的问题及应对策略 [J]. 湖南农业大学学报，2012，(2)：4-7.

④ 喻国华．当前我国农村农业信息化问题探讨 [J]. 中国市场，2005，(35)：126-127.

息化人才短缺的问题[①]；三是O2O融合渠道不畅，农民生产和生活信息的连续性被切断，无法转化为用户价值，例如存在“三农”信息落地入户的“最后一公里”问题[②]，又如存在着基层部门条块分割、业务重合、缺乏协调导致的信息孤岛问题[③]。

三、借鉴与提升：关注农业农村信息化的知识鸿沟

从“大十字形农业”的结构来看，联结传统农业与上下游产业的中介网络目前仍未完善。随着O2O平台的发展，非农业ICT应用逐渐向农村渗透，成为“大十字形农业”纵向连接的外部动力，而内部动力则因农民信息素养不高而有待加强。科普领域有必要就此行动，在“大十字形农业”中找准定位，激活农村中介服务网络，促进农业信息共享和农村知识服务，致力于提升农民的信息素养，加强对农业农村信息化的支撑。

（一）激活农村中介服务网络

随着农业农村信息化的融合发展，传统农业在产前和产后的信息化被提上日程，主要表现为非农业ICT对传统农业与其上下游产业的关系改造。其中为传统农业提供便民、益民服务的农业服务业，特别是信息服务业，处于信息化的核心。从农业现代化的趋势看，这种信息化进程也是“大十字形农业”的生长过程，即传统农业耦合到服务业和加工业，第一产业与第二、第三产业发生信息化融合的过程。科普领域有必要把握上述趋势，立足于农业服务信息化，借助基层网络深入开展农村科普服务，同时不断强化自身的专业性、本地性和灵活性。

农村地区的传统科普服务，包括以农技协等社会组织为主体向专业大户或普通农户的农技培训、信息咨询等惠农服务，当前正处于信息化变革的深水区。一方面，以农技推广站、电商服务站为代表的中介服务网络蓬勃发展，农产品电商平台不断涌现；另一方面，真正为基层农村灵活提供技术、规划、产

---

① 胡朝兴．浅谈农村信息员队伍建设 [J]. 北京农业，2008，(25)：46-47.

② 潘泽江．农业信息化的制约瓶颈与发展路径初探 [J]. 科技信息，2011，(2)：12.

③ 李道亮．以共赢机制推进农村信息化持续发展 [J]. 中国信息界，2007，(17)：10-18.

销等本地专业服务的市场环境远未形成，无法有效满足当地农民的需求。科普信息化在这方面有独特的优势：有能力引入专家技术资源以提供专业服务；有能力通过 O2O 基层网络以提供本地服务；有能力围绕线上科普资源以提供产销咨询、远程培训、电商入口等综合信息服务。

（二）贴近农民信息需求和行为

2013 年中国农村信息化需求调查显示[①]：农民信息需求分为生产信息和生活信息两类，对生产信息的需求超过对生活信息的需求，对技术信息的关注超过对市场信息的关注；电视是农民最重要的信息渠道，互联网成为农民非常重要的信息渠道，广播和报纸则不太重要；农民信息行为符合熟人社会特征，村广播、布告板和人际传播依旧占据非常重要的地位；缺乏技能、成本高、政府扶持不力是阻碍农民使用电脑和网络获取信息的前三项原因。

另外有研究显示，性别、文化程度、收入来源对农民的农业科技知识需求意愿有显著影响，年龄与收入则对之没有显著影响[②]；从事现代工业、旅游、服务、建筑及个体经营的农民的信息需求类型与传统农民有显著差异[③]；高收入农民比低收入农民拥有更多的信息渠道，更有机会接触服务中介[④]；基于语言、感官、表情的实践性、示范性和直观性的知识交流在相当长的时期内仍是面对农民的有效交流方式之一[⑤]。

以上调查和研究反映出农民的信息需求及行为的多样性和复杂性。在农业信息化与农村信息化的融合过程中，农民及中介网络是主体和动力，农业信息服务与农民信息行为间的良性互动是信息化向前健康发展的前提和保证。在科普信息化落地应用阶段，应特别注意调查、了解各地农民的信息需求和行为特征，研究探索基层科普信息服务满意度监测方法，将信息服务与信息行为间的良性互动作为信息化落地的重要机制来规划和落实。

---

① 张新红，于凤霞，唐斯斯 . 中国农村信息化需求调查研究报告 [J]. 电子政务，2013，(2)：2-25.

② 王国晖 . 杨凌示范区农民科技知识需求的实证研究 [D]. 杨凌：西北农林科技大学，2010.

③ 黄水清，沈洁洁，茆意宏 . 发达地区农村社区信息化现状 [J]. 中国图书馆学报，2011，(1)：64-72.

④ 谭英，王德海，谢咏才，等 . 贫困地区不同类型农户科技信息需求分析 [J]. 中国农业大学学报，2003，(3)：34-39.

⑤ 方允璋 . 乡村知识需求与社会知识援助 [J]. 东南学术，2007，(4)：111-119.

（三）促进农业信息共享和知识服务

1. 做好农业信息共享的行动规划和技术准备

2015年，农业部发布了《关于推进农业农村大数据发展的实施意见》，明确提出政府数据资源共享开放工程，并界定了数据共享开放在2017年、2018年和2020年三个时间节点的具体任务[①]。"十二五"期间，农业信息进村入户试点在全国26个省级行政区建成近8000个村级信息服务站，为农业信息落地和共享建立了基础。2020年年底前，农业部和省农业部门数据集将向社会开放，实现农业数据共享的便捷化。在科普信息化的中长期行动规划中，应考虑将农业信息共享列为信息化建设的重要内容。在科普中国乡村e站的中长期建设规划中，应考虑将农业数据接入和共享能力作为可持续运营的重要指标。

2. 开发实用性农业知识服务产品

从信息服务形态来看，现阶段农业信息平台很多，但多停留在信息发布和信息链接的阶段。从信息服务内容来看，农业信息资源整合程度不高且良莠不齐，还缺少面向农民的实用性知识服务产品。知识服务是指按照学习者的需要，以智能化手段从大量信息中挖掘隐性知识，对其进行管理和利用的过程[②]。以此为切入点，围绕农民的信息素养和知识能力，将海量无序的农业信息转化为凝练实用的农业知识，开发实用性农村知识服务产品，从信息服务升级为知识服务，既是农业农村信息化的题中之意，也是全民科学素质建设对科普信息化的内在要求，需要科普部门携手农业部门共同推进。

第四节 站上智慧城市的发展风口

智慧城市（smart city）既是信息化时代城市发展的新目标，又是实现城市

① 王东杰，李哲敏，张建华，等．农业大数据共享现状分析与对策研究[J]．中国农业科技导报，2016，（3）：1-6.

② 张峻峰，赵静娟，郑怀国．面向农村的知识服务模式探讨[J]．安徽农业科学，2008，（22）：9797-9798，9802.

科学发展的新模式。作为基于智能化技术来高度整合经济产业、市民服务、城市运行、政府治理的功能综合体，智慧城市在本质上是一种对城市的重构，把传统的以资源投入为主、强调发展速度和数量的方式转向以资源配置为主、强调供需匹配和发展质量的方式。这种重构为科学普及创造了更丰富的知识资源和社会需求，也在技术应用和模式创新方面为科普信息化带来了新的挑战。

一、理解智慧城市：内涵和体系

（一）智慧城市的知识和技术内涵

"智慧城市"的概念源自国际商业机器公司（IBM）于2008年提出的"智慧地球"的理念，其核心是"感知""互联""智能"。IBM认为，"智慧城市"是有意识地、主动地驾驭城市化这一趋势，通过ICT将人、商业、运输、交通、水和能源等核心系统整合为一个"系统之系统"，使整个城市以一种更智慧的方式运行[①]。

有研究认为，"智慧城市"植根于关于城市文明的两类语境[②]：第一类语境指向城市文化、知识和生活的相互融合，将城市视为智慧生发的"管道"和知识创新的"孵化器"，将智慧城市视为容纳现代城市全部生产要素的决策框架，聚焦于科学技术、社会资本及环境资本对提升城市竞争力的重要作用[③④]；第二类语境指向ICT在"系统之系统"的智能化运行中的角色和作用，将城市视为承载多种社会功能的综合体，将智慧城市视为起源于赛博空间[⑤]和数字城市[⑥]并由物联网、移动互联技术孕育而生的产物，聚焦于ICT应用于城市各子系统并以此推动城市智能化的过程。两类语境分别从知识和技术的角度诠释了智慧城市的内涵，前者将城市中的知识融合与"智慧化"联系起来，强调"人"的作

---

① IBM. 世博会上实践"智慧的城市"[N]. 上海证券报，2011-03-01.

② 孙中亚，甄峰 . 智慧城市研究与规划实践述评 [J]. 规划师，2013,（2）：32-36.

③ Dirks S，Keeling M. A Vision of Smarter Cities：How Cities Can Lead the Way into a Prosperous and Sustainable Future[R]. IBM Global Business Services，2009.

④ Shapiro J M. Smart Cities：Explaining the Relationship between City Growth and Human Capital[Z]. 2003.

⑤ Benedikt M. Cyberspace：Some Proposals[M]. Cambridge：The MIT Press，1991.

⑥ Ishida T，Isbister K. Digital Cities：Technologies，Experiences，and Future Perspectives[M]. Berlin：Springer，2000.

用；后者将城市功能的技术建构与“智能化”联系起来，强调“物”的作用。

综合智慧城市领域的相关研究，可以将智慧城市理解为一种现代城市发展形成的有机形态，即运用部署于城市空间的信息基础设施及相关智能化技术，联结空间基础设施，整合城市信息资源，打通政府、产业、社区之间的公共网络，以数据为中心协调商业、交通、能源、医疗、教育等城市功能，以改善政府、公司、社区、市民的知识融合和交互决策，促进产业经济、市民服务、城市运行和政府治理的可持续发展和协同创新，并在组织和制度层面为以上优化过程创造灵活高效的支撑环境[①②③]。

（二）智慧城市的基础体系[④]

智慧城市是一个跨领域、跨阶段的“系统之系统”，其基础体系可以基于主体、目标、机制、技术、价值、特征等多种要素认识和理解。这些要素相互影响和渗透的过程，就是智慧城市进行结构优化和功能完善的过程。

1. 四类行为主体：政府、研究 / 标准机构、企业 / 社会组织、市民

智慧城市的建设发展是全体社会力量从自身职权和利益出发，共同促进新的知识和技术在各部门及业务体系间的传播、扩散和应用，以实现一体化模式创新的过程。在智慧城市建设平台上，存在政府、研究 / 标准机构、企业 / 社会组织、市民等多种具有不同身份、诉求以及能力和资源的行为主体（表 3-5）。

表 3-5 智慧城市建设平台中的行为主体

主体	角色	诉求	资源 / 能力
政府	政策规划	公平、精准、高效的治理	公共政策 / 基础设施 / 数据开放
研究 / 标准机构	研究监督	以建设标准实现智慧价值	知识整合 / 体系论述 / 标准规范
企业 / 社会组织	建设服务	通过创新来增强竞争力	技术创新 / 数据整合 / 平台搭建
市民	使用评价	优质生活与个人发展空间	信息共享 / 需求驱动 / 效果评价

2. 四位一体的目标：产业经济、市民服务、城市运行、政府治理

智慧城市代表城市的未来蓝图，其中包含“四位一体”的发展目标：在产

① 李重照，刘淑华 . 智慧城市：中国城市治理的新趋向 [J]. 电子政务，2011，（6）：13-19.
② 吴胜武，闫国庆 . 智慧城市——技术推动和谐 [M]. 杭州：浙江大学出版社，2010.
③ 秦洪花，李汉清，赵霞 .“智慧城市”的国内外发展现状 [J]. 环球风采，2010，（9）：50-52.
④ 高新民，郭为 . 中国智慧城市建设指南及优秀实践 [M]. 北京：电子工业出版社，2016：13-17.

业经济方面建立更创新和低碳的发展模式；在市民服务方面更有效地掌握和满足市民的需求；在城市发展方面拥有更高效和友好的运行环境；在政府治理方面具备更公平和高效的治理能力。通过多主体间的交流和协作，这四方面的目标既相互促进又相互制约，构成了智慧城市发展的主要愿景（图 3-3）。

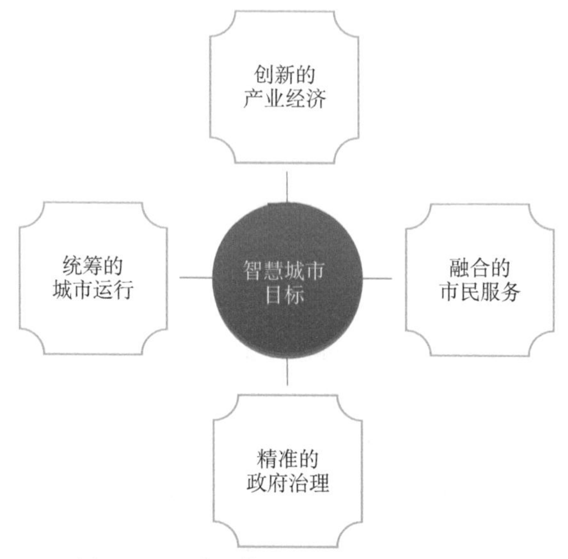

图 3-3 “四位一体”的智慧城市发展目标

3. 六种功能机制：增效、适需、协同、融合、开放、数据化

依托新一代智能化技术，城市的智慧化表现为功能机制方面的优化和创新，可以概括为效率提升、供需匹配、协同运作、服务融合、开放创新、数据决策六种机制（表 3-6）。

表 3-6 智慧城市的六种功能机制

机制	解释	实例
效率提升	实现作业自动化、信息泛在化、流程网络化和分析智能化	西门子安贝格工厂[①]
供需匹配	供应和需求间更广泛、实时和准确的匹配，从需求出发确定供给	京东智慧供应链
协同运作	跨时间、跨组织、跨地域组织协同，激活人力、资本、信息、技术等创新要素	智慧中关村
服务融合	渠道、信息、内容和流程等方面的服务融合，为用户提供全流程一体化服务	阿里旅行

① 宋慧欣 . 西门子：打造未来“梦工厂”[J]. 自动化博览，2012,（6）：22-28.

续表

机制	解释	实例
开放创新	动员全社会参与到概念、技术、应用、生产、扩散、商业模式等各环节的创新	智慧伦敦计划[①]
数据决策	以大数据为基础合理调配资源，提高应急处理能力，制定资源配置规划	智能电网[②]

4. 四类关键技术：物联网、云计算、移动互联网、大数据

智慧城市的发展依托于四类关键技术：物联网、云计算、移动互联网和大数据（图 3-4）。物联网的核心功能是实现信息的实时感知和传输，构建城市综合管理的数据基础；云计算的核心功能是实现集约化的数据存储、分析和应用，推动信息资源与业务整合；移动互联网的核心功能是实现人、物、网络之间更泛在的联结，使传播关系和结构的不断优化成为可能；大数据的核心功能是作为一种携带丰富信息价值的系统性资产，对其智能化分析能够全面提升决策和管理的效率。

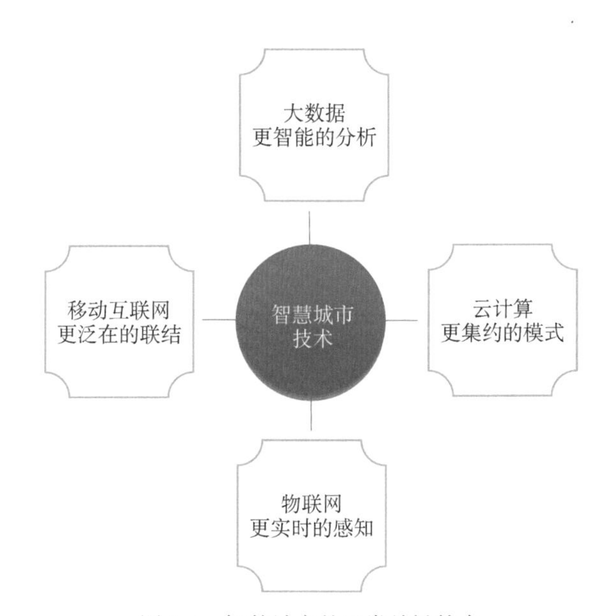

图 3-4　智慧城市的四类关键技术

① 刘晓娟，黄海晶，张晓梅，等. 智慧城市建设中的数据开放、共享与利用 [J]. 电子政务，2016，（3）：35-42.

② 张东霞，姚良忠，马文媛. 中外智能电网发展战略 [J]. 中国电机工程学报，2013，（31）：1-15.

5. 三层信息价值：内部价值、系统价值、社会价值

智慧城市的核心是释放信息资源的潜在价值，让信息资产随着城市数据的生产、集约和利用而不断增值，以刺激新的生产和消费，从而循环优化生产力和生产关系。在智慧城市平台中，信息价值的释放体现在内部、系统、社会三个层面，对应于短期、中期和长期三个过程（图 3-5）。

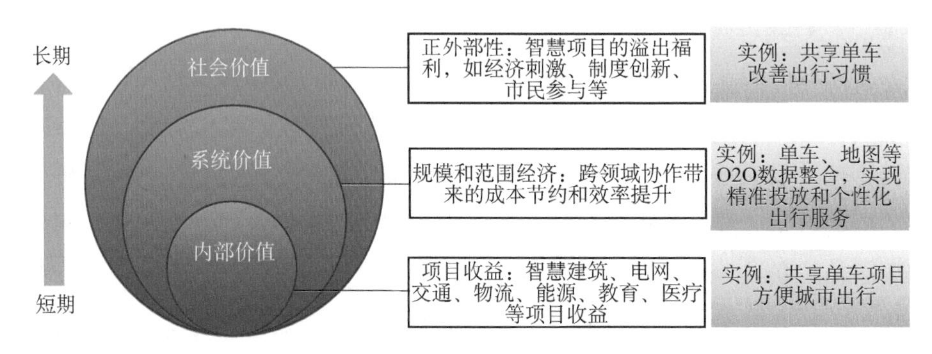

图 3-5　智慧城市的三层信息价值

6. 六项智慧特征：经济、公民、治理、移动、环境、生活

根据 2007 年维也纳技术大学区域科学中心的智慧城市研究报告①，智慧城市包含 6 项主要特征，具体拆解为 33 项解释因子（表 3-7）。该报告的观点立足于对欧洲 70 个中等城市的经济、社会、技术、人文等全方位考察，对于智慧城市的研究与实践有很强的现实意义。

表 3-7　智慧城市的六项主要特征

特征	因子
I 智慧经济 （竞争力）	1.1 创新精神 1.2 创业精神 1.3 经济形象和商标 1.4 生产力 1.5 劳动力市场弹性 1.6 国际嵌入性 1.7 转型能力

① Centre of Regional Science，Vienna University of Technology. Smart cities：Ranking of European medium-sized cities[EB/OL].[2017-06-15].http：//www.smart-cities.eu/download /smart_cities_final_report.pdf.

续表

特征	因子
Ⅱ智慧公民 （社会及人力资本）	2.1 资质等级 2.2 终身学习志趣 2.3 社会及种族多元性 2.4 灵活性 2.5 创造性 2.6 世界主义和开放思维 2.7 公共生活参与度
Ⅲ智慧治理 （参与）	3.1 决策参与度 3.2 公共与社会服务 3.3 透明治理 3.4 政治战略和视野
Ⅳ智慧移动 （交通物流及 ICT）	4.1 地方联结度 4.2 全国及国际联结度 4.3 ICT 基础设施水平 4.4 可持续、创新和安全的交通物流系统
Ⅴ智慧环境 （自然资源）	5.1 自然条件吸引力 5.2 污染状况 5.3 环境保护 5.4 可持续资源管理
Ⅵ智慧生活 （生活质量）	6.1 文化设施 6.2 健康状况 6.3 个体安全 6.4 居住质量 6.5 教育设施 6.6 观光吸引力 6.7 社会凝聚力

二、智慧城市建设：现状和趋势

（一）智慧城市的发展现状

1. 各国智慧城市战略规划简介

在 2008 年国际金融危机的影响下，IBM 提出的智慧地球理念得到了国际社会的积极响应，智慧城市被视为提升城市竞争力的重要途径，多个国家和地区逐步开始推进智慧城市的建设。“构建智慧地球，从城市开始”的提出使城市越来越成为创新的中心[①]。

新加坡率先在智慧城市实践领域行动，于2006年制定了面向全国信息化发展的“智慧岛2015”计划（iN2015），提出要成为以信息通信为驱动的智慧国度与全球都市，明确ICT产业为国家发展的经济基石。经过近10年的发展，又于2014年提出面向未来十年的“智慧国”计划（iN2025），其核心是“3C”：连接（connect）、收集（collect）、理解（comprehend）。“连接”的目标是建设安全、高速、经济且具扩展性的全国信息基础设施；“收集”是指通过遍布全国的传感器网络获取更理想的实时数据，对重要的传感器数据进行匿名化保护、管理以及适当的分享；“理解”是基于所收集的数据建立面向公众的有效共享机制，通过数据分析更好地预测民众的需求并提供更好的服务[②]。

欧盟于2009年发布“欧洲智慧城市计划”(2012—2020)，以绿色低碳为主题，聚焦于能源、交通和ICT三大领域，主要内容涉及战略目标、具体目标、为实现目标所采取的行动、公共及私人投资以及关键绩效指标。又于2012年推出“欧洲创新伙伴关系——智慧城市和社区战略执行计划”，围绕“20/20/20”目标[③]，将能源、交通等领域的城市需求和ICT发展相结合，在部分城市开展示范项目，如高效供热和制冷系统、智能仪表、实时能源管理、零排放建筑、智能交通等[④]。

美国政府于2009年提出“国家宽带计划”和“智慧地球”目标，旨在凝聚社区领袖、数据科学家、技术人员和当地企业的力量共建智慧城市，解决更多社区的共性需求。美国政府于2015年发布《白宫智慧城市行动倡议》，关注四个领域：创建物联网应用的跨部门协作平台；基于民间科技活动的城市间合作；聚焦智慧城市重组传感器网络、网络安全、信息基础设施等领域的政府投资；面向亚洲和非洲开展技术和产品出口导向的国际合作。同年又发布《智慧互联社区框架》(Smart and Connected Communities Framework)，内容包括研究、开发以及在城市中部署基于ICT的基础设施及相关服务等流程，旨在协调政府投

---

① 彭明盛. 从城市开始构建智慧的地球[N]，人民日报，2010-06-03：21.

② 王天乐，施晓慧. 新加坡推出“智慧国家2025”计划[N]. 人民日报，2014-08-19：22.

③ 2020年以前，欧盟国家温室气体排放量降低20%，可再生能源份额提高至20%，能源利用率提升20%。

④ 王广斌，崔庆宏. 欧洲智慧城市建设案例研究：内容、问题及启示[J]. 中国科技论坛，2013，(7)：123-128.

资及项目合作，鼓励基础研究并从中寻找可复制和推广的智慧城市解决方案。[①]

2. 国内智慧城市发展概况

我国于 2014 年发布《国家新型城镇化规划（2014—2020 年）》，提出加快绿色城市建设，推进智慧城市建设，注重人文城市建设，并划定了信息网络宽带化、规划管理信息化、基础设施智能化、公共管理便捷化、产业发展现代化、社会治理精细化等战略方向。同年，又印发《关于促进智慧城市健康发展的指导意见》，确立了集约、智能、绿色、低碳的发展理念，明确了政府统筹能力、ICT 应用、管理服务体系、民生服务应用、网络安全保障、城市承载能力等发展重点。截至 2016 年 12 月底，全国智慧城市试点数量达到 331 个，覆盖全国所有副省级城市、89% 的地级市以及 47% 的县级市。国家发展改革委员会、工业和信息化部、科学技术部、住房和城乡建设部等部委连续发布相关指南和标准以指导智慧城市建设。北京、上海、武汉、南京等城市已正式发布智慧城市的相关规划，完成了首轮探索，并取得一定成效（表 3-8）。

表 3-8 国内典型智慧城市规划、内容及成效

城市规划	重点内容	建设成效
北京“智慧北京” 《智慧北京行动纲要》	ICT 与基础设施融合 开放数据 产业发展平台 民生服务	智能电网 政务物联数据专网 政务数据资源网 中关村“网上会客厅”
上海“面向未来的智慧城市” 《上海市推进智慧城市建设行动计划（2014—2016）》	信息基础设施 智能化城市管理 ICT 与城市发展融合 智慧教育	城市光网工程 “上海法人一证通” 电子账单公共服务平台 大规模智慧学习平台（微校）
武汉“智慧之城” 《武汉市智慧城市总体规划》	信息基础设施 电子政务 物联网工程 民生服务	“光城计划”、位置源数据中心 城市政务云 车辆电子标签、车联网 智慧交通系统、智慧工地系统 “市民之家”
南京“智慧南京” 《智慧南京发展规划》	信息基础设施 电子政务 城市服务 物联网	政务数据中心 智慧南京中心 市民卡、“我的南京”智能门户 车辆智能卡

注：表格内容总结自各城市规划及相关报道

① 李灿强．美国智慧城市政策述评 [J]. 电子政务，2016，（7）：101-112.

（二）智慧城市的发展趋势

根据罗兰贝格《2017全球智慧城市战略指数》报告[①]，2012年后每年发布智慧战略的城市数量在快速上升，由2012年的8个激增至2015年的35个。报告从行动领域、战略规划和信息基础设施三个维度对全球87个智慧城市进行了评分：维也纳、芝加哥、新加坡名列前三；在评分靠前的15个城市中，有5个在欧洲（维也纳、伦敦、桑坦德、巴塞罗那、布里斯托尔），4个在北美洲（芝加哥、纽约、西雅图、丹佛），4个在亚洲（新加坡、首尔、香港、东京），1个在南美洲（里约热内卢），1个在大洋洲（悉尼帕拉玛塔）。报告分析表明：缺少整体性端到端解决方案是掣肘各国智慧城市发展的关键原因；富裕的城市在智慧战略方面表现出色，但GDP较低的城市（里约热内卢）也能创造出优秀的战略；小型城市（桑德拉、帕拉玛塔）更有机会从平衡的战略中受益；各城市更关注政府管理、能源与环境、交通出行三个行动领域，对医疗健康、教育和建筑领域则缺乏足够的重视。

上述关于智慧城市的研究和实践表明：智慧城市需要走完从信息基础设施建设到信息与空间基础设施整合、从数据共享整合到数据开放应用、从业务平台上的技术性合作到全社会参与的知识性合作、从地方性需求的差异化探索和整理到形成标准化和体系化解决方案的进化过程。其中，ICT产业是走向智慧化的基础；政府及研究部门是战略规划和数据整合的领导者；具体到有关城市治理和服务的行动领域，充分调动公司、社区、市民及社会组织参与其中是取得成效的关键；围绕知识、技术、数据及其协同网络的模式创新则是智慧城市发展的一贯主题。

按照以上逻辑来梳理，智慧城市的发展可划分为整合创新、开放创新和融合创新三个阶段（图3-6）。整合的关键是打破部门壁垒，进行基础资源、数据资源和服务资源整合，以发挥智慧城市的协同效应；开放的关键是打破体制壁垒，出台政策法规以推动政府数据开放，建立评价反馈机制以促进公众参与，鼓励社会资本投入以构建公私伙伴关系，以发挥社会和市场的力量；融合的关键是打破行业壁垒，促进ICT产业、制造业、服务业三者间的相互渗透，以激励生产模式、服务模式和商业模式创新。

---

① 罗兰贝格．2017全球智慧城市战略指数[EB/OL].[2017-06-15].https://www.rolandberger.com/publications/publication_pdf/ta_17_008_smart_cities_cn_online_20170615_1.pdf.

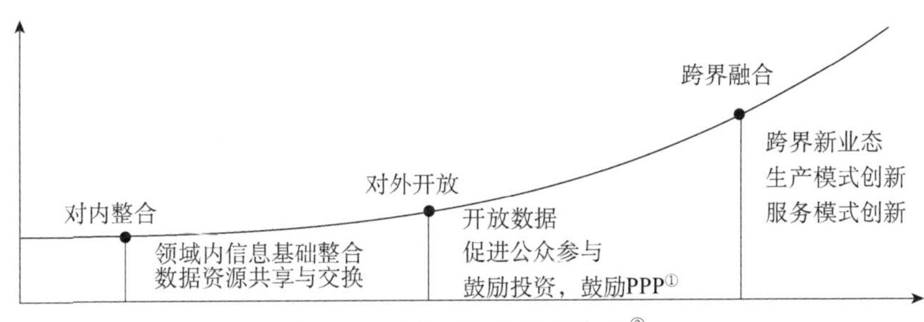

图 3-6 智慧城市的发展阶段[②]

三、借鉴与提升：站上智慧城市的发展风口

智慧城市目前已不仅是一种虚拟的概念框架。无论是在发达地区还是欠发达地区，结构化生长的智慧城市空间都在为科普信息化开启新的入口。融入智慧城市的公共资源整合及治理转型进程，是科普事业实现跨越发展的时代使命。在应用落实的过程中，科普信息化的视角有必要进行拓展，要从基于互联网科普内容传播和基层科普终端服务的“平行驱动”模式，向融入各类公共资源、面向各种信息化场景、立足多层活动空间、承载多重社会功能的“共生驱动”模式转变。

（一）关注智慧城市空间的结构化趋势

随着互联网社会发展，各类信息化设施、终端、产品、服务广泛渗入日常生活中，内容和知识传播在商业、教育、政务、民生中的作用日益凸显，这些变化带动了城市智慧空间的出现。因各地经济发展阶段不同，智慧空间的发展呈现出结构化的特点：一是基层治理与服务空间中心化，治理体系重心下移，多项治理机能在基层汇聚；二是社会机构与活动空间平台化，媒体、企业、非政府组织等机构通过公共服务平台进入社区和商圈；三是智慧产业与生活空间链条化，新型产品服务通过展览和体验中心向公众开放，借助 IPTV 等内容平台进入居民家庭。

分布于社区、商圈等公共场所的智慧空间是城市建设的重要内容，也是技术、产品和应用的汇集枢纽。智慧空间中的科技传播能够促进创新环节的参与体验，加速市场扩张并激励市民参与。但是在设计、资源、运营等方面，智慧

① PPP（Public-Private Partnership），即政府和资本合作。

② 高新民，郭为．中国智慧城市建设指南及优秀实践 [M]. 北京：电子工业出版社，2016：19-20.

空间的科普价值还未完全释放。科普信息化服务应该融入社区的创客、医疗等服务中，推动科普内容资源进入社区综合服务平台，利用智慧体验馆、健康小屋等城市空间组织开展相关科普拓展活动。总体来看，多角色、多功能的资源和数据共享平台是实现精准治理的必要条件，科普信息化的建设成果有必要在更大的平台上发挥更重要的作用。

（二）关注智慧城市对公民科学素质的挑战

智慧城市的内涵包含“人的智慧”与“物的智能”两方面，二者存在相互依存和协同发展的关系。没有城市文化和生活中的知识融合，深度嵌入城市功能的技术创新和应用就成了无源之水，难以推动城市智能化系统的建构和运行；而缺少了相应的技术条件和系统功能，知识融合就失去了广泛联络的信息载体和环境，难以在城市空间中持续发生并吸引市民的广泛参与。

从智慧城市的发展趋势来看，信息、技术和数据资源在底层架构中发挥着重要作用；然而在智慧城市的开放和融合创新阶段，各项智慧服务和应用的落地与完善离不开广大市民的参与。综合各国智慧城市的研究、规划与实践来看，有关知识融合、效果评价和需求反馈的公众参与是智慧城市系统有效运行并持续创新的必要途径。公众对ICT业务的应用能力、对ICT任务的洞察能力、对ICT媒介的感知能力、对ICT交互的领悟能力以及在ICT情境中的创新能力极大地拓展了公民科学素质的外延和内涵。这要求科学普及适时调整知识传播的范围和重心，从技术素养、数据素养和传播素养等方面创新科普知识传播体系。

（三）融入智慧社区服务中心

智慧社区是智慧城市规划实施落地的核心阵地，也是企业、媒体和非政府组织开展推介和传播活动的重要窗口。2014年住房和城乡建设部发布的《智慧社区建设指南（试行）》提出了智慧社区的总体架构：以智慧社区综合信息服务平台为中心，以智慧社区基础数据为支撑，融合政务服务、公共服务和商务服务功能。作为最重要的基层公共服务之一，科普工作不应在社区的机能融合过程中缺位，尤其是基层科普服务要从资源、数据、用户等层面与社区综合信息平台对接。

在部分地区的智慧城市建设中，科普信息化已表现出融入社区综合信息服务的趋势。作为“开放型、枢纽型、平台型”的社会组织，各级科协应携手智慧社区发展中涌现的活跃社会机构，共同推进社会组织综合服务平台建设。这些机构应具备两个特点：一是分布式，能够广泛、深入地服务基层社区；二是社会化，可以是企业或媒体，也可以是非政府组织。

（四）融入智慧家庭内容平台

面向智慧家庭的数字内容平台应成为科普信息化在移动端外的另一个布局重心。在三网融合背景下，传播竞争越演越烈。传统广播电视与以 IPTV 为代表的新型电视媒体的业务竞争从商圈进入社区，进而进入居民家庭，高质量内容成为家庭内容平台上的争夺焦点。

IPTV 是基于互联网络协议，依托宽带有线电视网，以数字电视、机顶盒等智能交互设备为主要终端，向居民家庭提供电视直播、视频点播、互动游戏等多种数字媒体服务的信息化平台。据工业和信息化部《2016 年通信运营业统计公报》①，截至 2016 年年底，电信运营商的 IPTV 用户达到 8673 万户，比 2015 年年底增加了 89%；而同时期广电系统有线电视用户仅增长了 0.5%②，与 IPTV 的迅猛发展形成鲜明对比；因此业界普遍将 2016 年称为“IPTV 元年”③。科普系统应把握智慧家庭内容平台发展机遇，与 IPTV 运营平台及相关监管部门及时开展合作，填补 IPTV 等家庭新媒体业务扩张中的内容真空，寻求可持续的科普内容服务落地方式。

视 窗

智慧社区综合信息服务平台简介④

从其功能架构来看，智慧社区是以设施层、网络层、感知层等基础设施为基础，在城市公共信息平台和公共基础数据库的支撑下，架构

① 工信部 . 2016 年通信运营业统计公报 [EB/OL].[2017-06-15]. http://www.miit.gov.cn/n1146290/n1146402/n1146455/c5471508/content.html.

② 中国广播电视网络有限公司 . 2016 年第四季度中国有线电视行业发展公报 [EB/OL]. [2017-06-15]. http://www.sohu.com/a/125156064_488920.

③ 李白咏 . “IPTV 元年”看运营商 IPTV 业务面临的挑战 [J]. 中国电信业，2017，（3）：51-53.

④ 住建部 . 智慧社区建设指南（试行）[EB/OL].[2017-06-15]. http://www.mohurd.gov.cn/zcfg/jsbwj_0/jsbwjjskj/201405/W020140520100153.pdf.

智慧社区综合信息服务平台，并在此基础上构建面向社区居委会、业主委员会、物业公司、居民、市场服务企业的智慧应用体系，涵盖社区治理、小区管理、公共服务、便民服务以及主题社区等多个领域的应用。

其中，智慧社区综合信息服务平台是智慧社区的支撑平台。它是以城市公共信息平台和公共基础数据库为基础，利用数据交换与共享系统，以社区居民需求为导向推动政府及社会资源整合的集成平台。该平台可为社区治理和服务项目提供标准化的接口，并集社区政务、公共服务、商业及生活资讯等多功能于一体。结合社区实际工作的特点与模式，智慧社区综合信息服务平台的定位是一个轻量级、服务功能模块化的平台（图 3-7）。

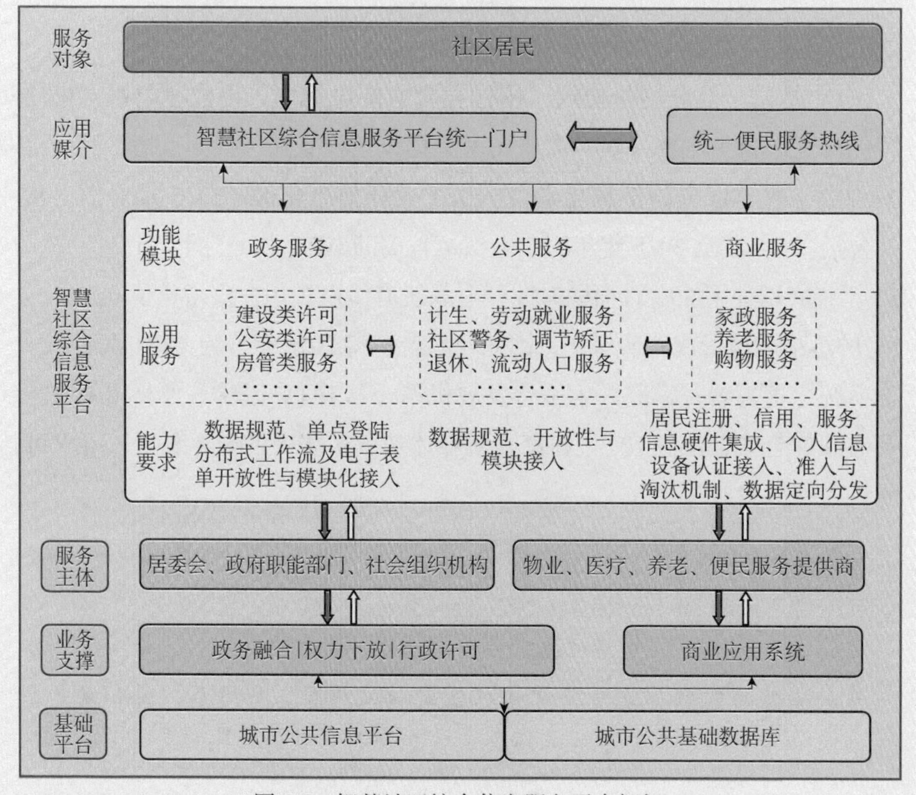

图 3-7　智慧社区综合信息服务平台框架

在公共信息平台、基础数据库以及数据交换与共享系统的支持下，智慧社区综合信息服务平台上的政务服务、公共服务和商业服务并非平行关系，而是一种围绕居民可公开信息和行为数据建立的交叉融合式服务。

第四章 科普信息化的运作创新与重点突破

科普信息化是对传统科普的全面创新。在运作过程中，无论是信息技术的运用还是科普理念、科普的行为方式，都会有彻底的转变，这种转变将有望带来科普效果上的突破。科普创作和传播的模式、新媒体的应用、科普“最后一公里”的连接、市场机制的引入等都是科普信息化运作过程中的关键环节。实践中不断创新运作模式，深刻领悟科普信息化概念的内涵，推动贯通融入，是在重要节点取得实质突破的有益探索。

第一节 推动科普创作模式的融合创新

2016 年，科普信息化工程启动了“科普中国科普重大选题融合与创作”项目。这是科普信息化建设工程子项目之一，是继 2015 年实施“移动端科普融合创作”之后再度开启科普融合创作与传播的积极探索。项目目标是以“移动互联网 + 科普”为宗旨，聚集 250 个以上具有科普融合创作经验的团队，建立激励机制，鼓励科普融合创作团队围绕科技热点和社会焦点，采用图文、视频、H5 等多种形式，开展适合移动端传播的科普作品创作，完成 25 个重大选题和 500 个常规选题的创作，制作完成不少于 50GB 的原创科普资源，建立 65 家以上的合作媒体渠道，在各种媒体渠道开展深度广泛的传播，最终实现作品浏览量超过 1.5 亿人次，扩大“科普中国”品牌影响力。

一、吸引融合创作团队融入科普传统活动

科普融合创作的第一个举措就是吸引创作团队关注科普，主动融入传统科普活动中。2016 年 5 月，中国科协网站上发布《中国科协科普部关于申报科普重大选题融合创作与传播选题的通知》，面向社会广泛征集团队和融合创作作品，并确定以“后资助”的形式开展，规定单个作品的常规后资助经费不超过 20 万元。入选作品与“2016 年十大优秀科普作品”的申报评选对接，并被推荐参评“十大网络科普作品”。同时，融合创作项目团队参与筹备全国科普日展览展示工作，参加全国科普日主场展示活动。传统科普活动都是品牌，而融合创作团队的进入带来了新的视角和展现形式。

（一）以作品评审标准确定了融合创作的科普方向

为了规范科普融合创作的探索，项目制定了作品评审标准。①原创性：选题结合科技热点、贴近大众需求；内容原创独特，充分体现“移动互联网 + 科普”融合。②科学性：团队领域专家组成合理；有严格的科学性保障措施。③思想性：诠释科学方法、科学思想和科学精神；传播正能量的思想和观点，可引发人们深层思考与讨论。④艺术性：科学与艺术完美结合；娱乐趣味化传播科学内容；作品通俗易懂，设计规范、简洁和易用，用户体验度高。⑤创新性：形式新颖、视角独特；充分利用新媒体技术，内容与技术手段融合创新。⑥适合移动端传播：作品的传播计划合理；适合移动端传播，符合当前移动互联网发展趋势，易于在移动端主流传播渠道引起关注。

（二）作品形式适合网络阅读，鼓励创新和融合

融合创作的作品表现形式以图文和视频为主，也可以 H5 等形式综合体现，鼓励各种形式的创新和融合。

第一类是图文类科普融合作品。文字篇幅为 2000 字左右。①图片使用建议配能够帮助理解文章、清晰展示科学知识的非侵权图片；图片要配在相关文字周围，保证图文的一致性；如果图片中有英文，应尽量汉化后使用；插图包括科学原理图、数据图、手绘图、漫画图、科学摄影图等。②语言风格：尽量诙谐幽默；建议使用小标题和分段，让文章读起来更加清晰；多使用主动语态、多用短句子；注意全文语言风格的一致性。此外，图文类作品还包括信息图、科学摄影、科学漫画、HTML5 电子杂志等。

视 窗

信息图是将数据、知识或信息可视化地表现出来，转化成图的形式，能传达大量的信息。信息图要化繁为简，清楚准确，字少图多。科学摄影是普及科学常识、宣传科学技术的科普图片，能够展现新的技术成果、发明等，讲述真实的科学现象。科学摄影要具有视觉冲击力。科学漫画是将漫画艺术、文学元素与科学知识完美融合，通过巧妙的创意，借助所设定的假想情境或形象，幽默、生动地传达科学内容的图像作品。科学漫画要具有独特、有趣的创意。HTML5 电子杂志基于 HTML5 语言开发，动态呈现多样化的科普信息，可以嵌入音频、视频等多种形式，要求简洁生动。

第二类是视频类科普融合作品。时长宜为 3 分钟以内，要求使用非侵权素材。①视频风格要求画面精良，内容丰富；形式上不作限制，鼓励创新形式，在制作过程中可以更多融入让人乐于接受的互联网元素。②视频类作品包括微访谈、微纪录、微实验、情景剧、二维动画、三维动画、手绘动画等多种形式。

视窗

好的科普作品要有抓人眼球的标题

好的标题一定是能在第一时间吸引读者注意力的。①如果是结合热点事件的科普作品，标题中要包含事件。②标题可以是一个句子，有起承转合，有情感变化，有故事，有细节，但细节不能超过三个，以两个为宜。注意，细节不等于细碎，要有代表性、有价值，能与标题主题相映衬。③避免正确的废话；多使用数字，能让人眼前一亮；使用面向特定人群的特殊词汇，能让读者产生共鸣；推荐词汇（“深度解读”等）和表达程度强烈的词汇（“第一次”“最强”等）会吸引读者的注意力。④抛出疑问，引人入胜。此外，科普作品的标题中含有“专家”、“权威机构（政府部门、名企、名校）”、“名人”等字眼时，更能吸引读者点开文章。

在作品创作过程中，应强调作品的通俗易懂和形式多样。作品形式的创新性和多样性一方面使得不同的内容得以用最适合的形式呈现出来；另一方面增强了趣味性，有效帮助读者理解内容。

二、以科学资源为核心的融合创作与传播之路

科普的融合创作始终以科学资源为核心，紧紧围绕国家科技重大选题开展策划、创作与传播；努力做到在新闻发布后，第一时间响应，发布科普作品，达到最佳传播效果。

（一）选题方向兼顾国家战略、科技前沿和社会热点

1. 围绕国家战略布局

立足国家层面的前瞻性战略部署，聚焦关系到国民经济和社会发展的重点领域、重大工程和计划等，从科学的角度，深入剖析决策背后的科学依据；展示实施过程中的核心科学技术；结合公众的关注点，科学诠释国家战略部署对人类、自然和社会经济等方面的影响效用；引导公众理性科学地认识国家战略部署的目的和内涵，传播科学思想。如“神州十一号”、量子通信卫星、“天宫

二号”、“北斗”导航系统、500米口径球面射电望远镜（FAST）、大科学装置等。

2016年我国完成了国家战略布局方向的7个重大选题，分别为：首颗微重力实验卫星“实践十号”发射、世界首颗量子通信卫星发射、“北斗”导航系统、中国首个航天日、“天宫二号”与“神舟十一号”、2016杭州G20峰会、500米口径球面射电望远镜工程。

2. 聚焦前沿科技

围绕信息技术、生物健康、材料、能源、先进制造与工程、空间及海洋科学等领域的关键共性技术和其中的重大突破，及时、准确地与公众分享国内外前沿科学技术的新进展、新突破，分享核心技术和研究成果在国际上的地位和影响，激发公众的科技自豪感和科学兴趣。如太阳系内行星探测、“长征五号”、“长征七号”、无人驾驶、基础物理学和医疗等领域的前沿进展。

2016年我国完成了科技发展前沿方向的7个重大选题，分别为：“长征五号”、“长征七号”、“朱诺号”入轨木星、科技进展及突破、国际太空大事记、智慧交通、中国军事科技进展及突破。

3. 关注社会热点

围绕公众长期关注的健康生活、突发公共卫生事件、气象事件、食品安全事件、科幻影视作品等时下的新闻热点，结合公众的兴趣点，用科学的声音解释其中的关键科技问题。如龙卷风突袭某地背后的原因、解读获雨果奖的《三体Ⅰ》、诺贝尔奖、奥运会、极端气候、防电信诈骗等。

2016年我国完成了社会生活热点方向的22个重大选题，分别为全国预防高血压日、食品安全与营养周、全国防灾减灾日、南方暴雨、极端气候、高考、预防电信诈骗、2016里约奥运会、科幻作品解读、2016诺贝尔奖、医疗热点、生理及心理健康、转基因、节日背后的科学、日常安全、趣味科普、航空航天、天文科普、饮食健康、灰霾、年度盘点、社会热点应急解读。

（二）提前调研选题方向的重点事件时间点，制定选题作品的发布预排期

科普融合创作团队宜针对一系列重大事件，提前策划、迅速反馈、积极响应，围绕重大选题不断进行创作，结合热点不断进行传播。在首次观测到引力

波、“实践十号”卫星、人机大战、量子通信科学实验卫星、中国天眼FAST望远镜等重大科技事件中的发声，传播量屡创新高。2016年，各团队共完成36个重大选题的策划、创作与传播，完成528个作品的创作，其原创科普资源量达到67.6GB；作品发布首周内作品浏览量累计达34 541万次，平均每个作品的首周浏览量达67.3万次，其中图文类作品的平均首周浏览量为32.1万次，HTML5类作品的平均首周浏览量为159.8万次，视频类作品的平均首周浏览量为156.6万次；单个作品首周浏览量最高的达到3062万次。

除了广泛征集作品，针对重大选题、热点大事件，项目开创了“提前储备+应急创作”的方式，主动策划、组织作品创作和传播。经过前期的工作，探索出了三种工作模式。

1. 定向约稿提前储备，结合热点传播

项目组定向约稿，创作团队提前储备，结合热点事件发布、传播科普作品。这种模式的代表就是胡桃夹子工作室的作品《空间站的前世今生》的创作及传播。创作团队就脚本和视频风格进行了多次讨论，在文本创作、拍摄和后期制作三个阶段保证视频的质量。由于提前储备了空间站的相关作品，该团队在宇航员返回地球时及时进行了发布。这个视频作品的特色是：①科学家指导作品创作，“天宫二号”有效载荷应用中心副主任设计师饶骏、北京航天指挥控制中心总体室副主任邹雪梅对作品中涉及的科学问题进行了指导；②专业演员表演，感染力强；③在同一个画面中同时呈现“实拍+动画”，生动、有趣；④传达的知识有料、靠谱。

2. 项目组联系科学家，团队应急创作

项目组关注到热点事件，第一时间联系科学家，组织团队应急创作，结合热点事件发布、传播。这种模式的代表是幻彩宝宝科普创新公社的作品《独辟蹊径终现马约拉纳费米子真身》的创作及传播。作品产出的背景是，上海交通大学贾金锋科研团队捕获了幽灵粒子，这对暗物质探测、量子计算机研制都有重要意义。在发现马约拉纳费米子的新闻发布会后，项目组组织创作团队并联系科学家，第一时间进行了采访。这部作品的特色是：①科学性过硬，捕获马约拉纳费米子的贾金锋老师接受采访，讲述背后的故事，并对作品再三审阅、把关；②时效性强，在新闻发布后紧接着及时发布；③内容意义重大，所取得的科研成果对科学进展的意义非常重大。

3. 团队主动选题、应急创作，项目组联系媒体传播渠道

团队关注到热点事件，主动提出选题，开展应急创作，项目组联系媒体渠道，结合热点事件发布、传播。这种模式的代表是 Weather 情报局团队的《龙卷风能被预报出来吗？》的创作与传播。2016 年 6 月 23 日晚，江苏盐城遭遇龙卷风，造成一定的人员伤亡。中国气象局的科普团队 Weather 情报局连夜创作了图文作品，项目组提前向各大媒体平台传达了作品创作状况，并预约发布位置，第一时间进行了传播。这部作品的特点是：①时效性强，在事件发生后迅速完成创作，并第一时间发布；②科学性过硬，气象专业背景的老师直接参与创作；③内容贴合大众需求，回答了大众关心的问题。

（三）强化新闻导入、科学解读，建立科普快速反应机制

项目组编制和发布《科普重大选题融合创作与传播选题指南》，面向社会征集和聚集具有科普融合创作经验的团队；研究实施后资助激励机制，吸引创作团队以传播效果驱动科普选题创作与传播，初步探索出一条以科学资源为核心，将科普创作团队与传播渠道无缝对接的融合创作与传播之路；强化新闻导入、科学解读，建立科普快速反应机制，实现了传统科普难以突破的 72 小时内广泛传播，对于突发性的重大事件，可在 24 小时内推出图文作品、48 小时内完成视频脚本、72 小时内推出视频作品。

在原创微视频创作方面，实验室视频的制作、发布与传播，其题材涉及社区卫生、厨房安全、饮食健康、交通安全等与大众生活息息相关的领域，采用模拟实验结合专家讲解、实验实拍等多种方式进行制作。

三、科普融合创作的关键是团队培育与凝聚

经过一年的科普融合创作团队培育，截至 2017 年 1 月 31 日，融合创作与传播项目聚集了 364 个具有科普融合创作经验的团队（分布情况如图 4-1 所示）。其中，新锐制作力量 159 个，科研机构 109 个，科协所属科普机构 28 个，社会相关企业 37 个，知名自媒体 17 个，传统科普媒体团队 14 个（表 4-1～表 4-6）。

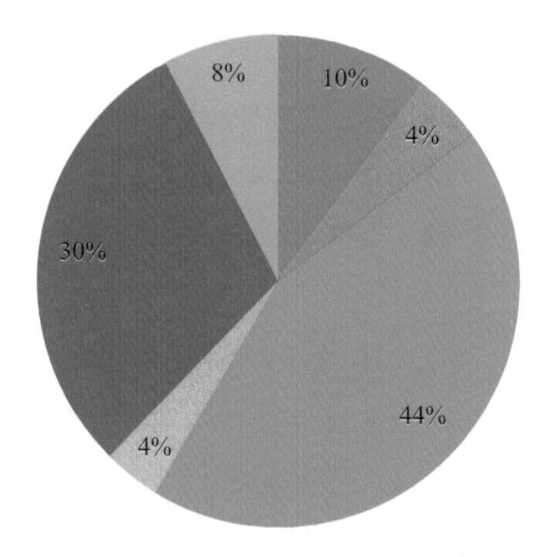

图 4-1　科普融合创作聚集的团队的分布状况

表 4-1　新锐制作团队（159 个）

序号	新锐制作团队名称	序号	新锐制作团队名称
1	胡桃夹子工作室	19	中国科普博览
2	幻彩宝宝科普创新公社	20	热力山林团队
3	山夕团队	21	蒲公英小组
4	科学好玩	22	阿梦心力学科普小分队
5	食品王国冒险团	23	科创小新
6	科学公民	24	天空梦游人
7	生生不息团队	25	北京闪联传媒技术有限公司
8	未来实验室	26	小曲
9	微视航天工作室	27	资深电子爱好者团队
10	翱翔者联盟	28	天津市金质灵兰科技有限公司
11	镝次元数据传媒实验室	29	熊猫侠团队
12	北京赛恩奥尼文化传媒有限公司	30	海牛团队
13	科学帝工作室 中国科普博览中心	31	陈亦宁
14	SELF 格致论道讲坛	32	自然酱
15	科学大求是团队	33	超级工程 V 科普团队
16	逃离危机工作室	34	鹰眼
17	悟空粉丝团	35	身体语言团队
18	科学边角料团队	36	teeth

续表

序号	新锐制作团队名称	序号	新锐制作团队名称
37	霜寒十四州团队 赵旭婷	69	杨宗良 冯华
38	未来人团队	70	智蕤科文创作
39	小漫科普工作室	71	lion
40	悬壶科普团队	72	冯华 张双南 熊少林
41	阿武	73	解落三秋叶团队
42	惠俊博	74	气象小组
43	sym cheng	75	清华大学 KD 创新实验室
44	地球观察团	76	清华大学美术学院 赵铁男团队
45	川陀太空	77	燃料科普
46	生命科学新鲜事	78	许执恒研究组
47	中科幻彩	79	于燕 张军 徐俊超 闫荔
48	全脂科学家	80	元素
49	超能量团队	81	泽地
50	河南奥视传媒科普栏目团队	82	左姗姗
51	先锋官工作室	83	李汀科普团队
52	挠痒痒科学工作室	84	周敏
53	北京云泽洪辉科技	85	赵玉
54	欢乐科普人	86	可爱的你
55	三分钟话科学团队	87	桥梁搭建小组
56	爱科范儿团队	88	冰与火团队
57	健康医家	89	张自利
58	零号工程团队	90	晓强科普工作室
59	江泓	91	北京邮电大学 高峰
60	毒新知团队	92	王迪
61	三千客团队	93	人工智能畅想团
62	战博豪	94	王金明
63	龙魂	95	王茹萍
64	爱迪生孵小鸡团队	96	史剑锴
65	暴力鸟团队	97	医药科普融合创作
66	北京燕清联合文化产业发展中心	98	北京中科幻彩动漫科技有限公司
67	靠不靠谱	99	CSP 新媒体
68	王新龙 冯华	100	艾窝窝爱科学团队

续表

序号	新锐制作团队名称	序号	新锐制作团队名称
101	北航飞天科普创意团队	131	超导与航天新战队
102	北京得悟安文化传媒有限公司	132	创新梦工厂
103	北京科影万物生灵小组	133	行知科学
104	北京科影音像出版社	134	回声小组
105	北京科影音像出版社 田荣团队	135	江南大学
106	超大军事新媒体科普创新团队	136	开普乐创客团队
107	海风工作室	137	科普集结号
108	济南科明数码技术股份有限公司	138	科学 box
109	剑鹰数字媒体创作团队	139	蓝藻科普团队
110	健康生活管理师	140	梦想人科技创作团队
111	康复汇创客团队	141	蜜罐儿科普创客团队
112	蓝天传奇工作室	142	妙笔阁科普创客团队
113	乐思童盟	143	潘婷婷团队
114	脑洞科普	144	强军梦之队工作室
115	普智点点创作团队	145	青年天文教师连线
116	瑞斯数字媒体团队	146	清华大学美术学院
117	视觉调节	147	求真战队
118	蔬菜卫士科普小组	148	深空科普创意团队
119	信息导航	149	首都防震减灾科普新媒体协同创作团队
120	洋芋科学	150	薯卫士
121	质子派对	151	数字江南创意科普团队
122	“出去玩喽”团队	152	水生所化学生态科普团队
123	“创之力”创作团队	153	玩转科学
124	“和平季风”团队	154	望远镜工作室
125	《糖尿病的故事》创作团队	155	微生物代谢工程团队
126	UE 帮	156	蔚蓝海岸团队
127	北极星科普创客团队	157	Best
128	北京科影音像出版社 柯仲华团队	158	医工所科学传播先锋队
129	北京科影音像出版社 陈峰团队	159	玉龙小段工作室
130	曾建川团队		

表 4-2　科研机构团队（109 个）

序号	科研机构团队名称	序号	科研机构团队名称
1	Weather 情报局	28	中国科学院大学经济与管理学院 闫妍
2	工大科普二组 李贺	29	中国科学院光电研究院 徐颖
3	银河路 16 号团队	30	中国科学院国家天文台
4	邓锴	31	中国科学院微生物研究所王奇慧副研究员
5	蜥游纪科普创客团队	32	中国科学院遗传与发育生物学研究所郭晓雪
6	墨子沙龙 白泽	33	中国科学院长春光学精密机械与物理研究所 李文昊 于海利
7	北京师范大学天文系宇宙之美科普团队	34	中国科学院神经所科普志愿者团队
8	王日出	35	中国科学院自动化所智能车辆研究团队
9	FAST 项目团队 中国科普博览	36	海军航空工程学院 田爱平
10	中国科学院动物研究所干细胞科普团队	37	中国科学技术大学 郭光灿
11	中国科学院高能物理研究所	38	中国科学院青藏高原研究所
12	田字格新媒体科普创意团队（北京市农林科学院）	39	320 工作室
13	中国气象局气象宣传与科普中心	40	TIME TRANSFER
14	北京大学 房庚雨	41	北邮信安中心团队
15	国家纳米科学中心	42	翻滚吧卡路里
16	科学大院	43	干细胞与再生医学科普团队
17	濮阳职业技术学院实训中心 苗英恺	44	广东省中药研究所
18	清华大学 李俊峰	45	河北省地震局
19	穹天	46	华东师范大学教育信息技术学系大学生创客工作室
20	山海经——地学科普创作	47	科学传播小新
21	上海交通大学 刘延柱	48	量子泡沫科普工作室
22	天津大学 王振东	49	麻辣蒂姆
23	微名科普团队	50	南京信息工程大学科学传播与科学教育研究中心
24	西京医院肝胆外科	51	北京大学大气与海洋科学系
25	先进制造与自动化团队	52	南开大学 梦想飞扬
26	心理所科普创作团队	53	青海师范大学科普创作团队
27	浙江大学“营养发现”科普团队	54	陕西省西安植物园

续表

序号	科研机构团队名称	序号	科研机构团队名称
55	神经行为科普团队	83	中国科学院计算技术研究所
56	小麦抗旱节水遗传育种研究组	84	中国科学院昆明动物研究所
57	移动营养践行者	85	中国科学院昆明植物研究所
58	中国地质大学（武汉）地球科普团队	86	中国科学院力学研究所
59	中国科学技术大学先进技术研究院植物照明项目组	87	中国科学院青藏高原研究所
60	中国科学院昆明植物研究所——种子团队	88	中国科学院水生生物研究所
61	中国科学院青岛生物能源与过程研究所微生物代谢工程团队	89	中国科学院苏州纳米技术与纳米仿生研究所
62	中国科学院微生物研究所	90	中国科学院苏州生物医学工程技术研究所
63	中国科学院福建物质结构研究所邓水全课题组	91	中国科学院武汉物理与数学研究所
64	中国科学院遥感与数字地球研究所	92	中国科学院物理研究所
65	中南大学公共卫生学院	93	中国气象科学研究院
66	北京航空航天大学科学技术传播研究中心	94	种子创作团队
67	公众营养健康研究课题组	95	重庆医科大学
68	广东创新科技职业学院教育技术中心	96	紫台陨石中心
69	广州中国科学院工业技术研究院	97	长征⑨号团队
70	国家及多媒体艺术教学团队	98	黑洞来客团队
71	科学范儿科普创客团队	99	中国科学院国家天文台 刘博洋
72	南京航空航天大学	100	中国科学院武汉植物园
73	农业部食物与营养发展研究所	101	马慧
74	上海辰山植物园科普部	102	中国科学院国家天文台 郑永春
75	生物医学大讲堂科普团队	103	减灾安安科普团队
76	中国地质图书馆	104	科苑遗传科学传播团
77	中国康复医学会康复汇创客团队	105	中国科学院遗传与发育生物学研究所王冠琳 牛超群
78	中国科普博览 & 中国科学院国家空间科学中心	106	时间旅行者
79	中国科学院成都生物研究所	107	武汉物数所科普团队
80	中国科学院海洋研究所	108	亚热带农业生态所科普团队
81	中国科学院化学研究所	109	北工大科普小组 张晨
82	中国科学院基因组所多米诺基因科普协会		

表 4-3　科协所属科普机构（28 个）

序号	科协所属科普机构名称	序号	科协所属科普机构名称
1	杭州市西湖区青年科技工作者联合会	15	中国林学会
2	地球物理信息传播团队	16	中国农学会
3	中国细胞生物学学会 赵志琛	17	中国食品科学技术学会
4	中国细胞生物学学会 许利荣	18	中国睡眠研究会
5	襄阳市科学技术协会	19	中国通信学会
6	湖北省科技馆科普一队	20	中国通信学会普及与教育工作委员会
7	中国地震学会	21	中国稀土学会
8	中国科普作家协会	22	中国细胞生物学学会
9	江苏省江阴市科协科普融合创作团队	23	自然之美新媒体科普创意团队
10	上海科技馆	24	浙江省林学会
11	阿尔茨海默病防治协会	25	天津市红桥区科学技术协会
12	首都学生科协联盟	26	中国仪器仪表学会
13	天府科文汇	27	中华预防医学会
14	中国抗癌协会	28	中国生物物理学会

表 4-4　社会企业团队（37 个）

序号	社会企业团队名称	序号	社会企业团队名称
1	北京普瑞泰恪科技有限公司	14	北京星途通科技有限公司
2	i 车主团队	15	北京帧工场文化传媒有限公司
3	安徽庭聚传媒科技有限公司	16	北京智城中科信息技术有限公司
4	北京华风创新网络技术有限公司	17	北京中通国际旅游有限公司
5	北京汇思君达科技有限公司	18	北龙超云
6	北京君健健康管理有限责任公司	19	创未来
7	北京凯来美气候技术咨询有限公司	20	发明家
8	北京科电联盟信息传播有限公司	21	山西创新科技品牌传播
9	北京两全其美影视文化有限公司	22	上海奇邑文化传播公司
10	北京清华同衡规划设计研究院有限公司	23	合肥优恒
11	北京全电智领科技有限公司	24	泰华宏业（天津）机器人技术研究院有限责任公司
12	北京太合金悦文化传媒有限公司	25	万有力与电磁力
13	北京鑫泰国际会展服务有限公司	26	武汉图歌信息技术有限责任公司

续表

序号	社会企业团队名称	序号	社会企业团队名称
27	中海油能源发展股份有限公司工程技术分公司	33	国家物联网标识管理公共服务平台
28	中航汇盈（北京）展览有限公司	34	河南全息数字科技有限公司
29	中粮营养健康研究院有限公司	35	嘉星一族广告（北京）有限公司
30	重庆市重点科普基地——物联网互动体验馆	36	山东省物联网协会团队
31	北京京视广媒影视策划中心	37	吉林省惠生惠社文化传媒有限公司
32	北科创想（北京）科技发展中心		

表 4-5　知名自媒体（17 个）

序号	知名自媒体名称	序号	知名自媒体名称
1	寒木钓萌	10	蕉叶
2	铁流	11	《博物》杂志编辑部
3	科信食品与营养信息交流中心 阮光锋	12	极客公园
4	视知传媒	13	知识分子
5	壹读传媒	14	科学 π
6	洪流团队	15	刘博洋
7	漠北	16	欧萌科学家
8	百纳知识	17	冉浩
9	知我（Know Yourself）团队		

表 4-6　传统科普媒体团队（14 个）

序号	传统科普媒体团队名称	序号	传统科普媒体团队名称
1	《科学世界》杂志社有限责任公司	8	《中国科技教育》杂志社
2	《中华遗产》杂志社	9	青海省藏文科技报社
3	北京科技视频网	10	西藏科技报社
4	河南省科学技术馆	11	中国科学报
5	上海科技报社科普影视传播中心	12	网易创作团队
6	山东科技报社	13	中国国家天文
7	《无线电》杂志团队	14	新浪探索

在聚集团队、培育团队的过程中，项目组主要做了三方面工作。

（一）挖掘科学家做科普，培养“科普网红”

随着国家对科普工作和国民科学素养的重视，越来越多的科学家在科研之余，对科普产生了极大的兴趣和责任感。但大多数科学家最擅长的还是科研，他们对科普领域还不甚了解，其思维也容易受限在科研思维中。针对这种情况，项目组与有科普潜力的科学家积极接触，帮助他们做选题、加工作品，做好培育“科普网红”的工作。

追捧“网红”的主要人群是“80后”与“90后”。与他们的父辈年轻时集体读报、集体收听广播和收看电视，单位组织包场看电影不同，当下的年轻人更习惯于一个人的“人机对话”。有新媒体技术之后，人心里的某些东西就像打开瓶盖的汽水一样涌现出来了。而科学家“网红”的涌现，更是为社会带来了一股正能量。

视窗

科普“网红”

1. 中国科学院国家天文台郑永春博士、研究员

郑永春博士现任中国科学院国家天文台研究员、中国科学院青年创新促进会理事兼宣传外联组组长，主要从事月球与行星地质的研究，在月球和火星土壤、行星资源就位利用、行星表面环境、月球与深空探测科学目标与未来发展战略等领域有新的认识与理解。郑永春博士成功研制了国内首个模拟月壤，分析探月工程“嫦娥一号”“嫦娥二号”的探测数据，获得了高分辨率的全月球微波图像，发现了200多个月球热异常区域。

基于此前良好的合作，2015年移动端科普融合创作项目伊始，项目组主动联系郑永春博士，向他介绍了“科普中国”项目的概况，并结合郑永春博士的研究领域，在深空探测领域与他一起策划选题、进行创作。在这样的紧密沟通与联系下，郑永春博士不仅先后发表了《火星发现液态水》《火星救援：火星生存一千天》《登陆火星难在何处》等优秀的图文作品，还与制作团队合作，创作出了《迎接首个中国航天日，回溯我国46年航天征程》这样优秀的视频作品。

郑永春博士在科普之路上一路凯歌，并于2016年5月9日荣获美国天文学会行星科学分会（Division for Planetary Sciences of the American Astronomical Society）2016年卡尔·萨根奖（Carl Sagan Medal for Excellence in Public Communication in Planetary Science），作为对他在行星科学研究和科学传播方面的重要贡献的表彰。同时，郑永春研究员入选“典赞·2016科普中国”十大科学传播人物。

2. 中国科学院光电研究院徐颖研究员

1983年出生的徐颖，已从事“北斗”相关的研究工作十余年，是中国科学院光电研究院建院以来最年轻的研究员和博士生导师。2016年6月25日发布的她关于“北斗”导航的科普演讲视频，引起社会关注，总浏览量突破千万。《人民日报》点评说，很多人被这位青年科学家的专业素养折服，一边“涨姿势”，一边为通俗讲解“国之重器”的行为点赞。

很多时候，听到“科学家”三个字，大家都会条件性地反射出“可望而不可即”的距离感。我们普通人并不知道他们在做什么，只知道他们做的事“很伟大”，而“科普”也变成了一个遥远的梦。镜头前的徐颖，穿着时尚可爱，表情亲切自然，讲话通俗易懂，一副邻家大姐姐的样子。她勇于走出科研的象牙塔，大胆走下科学的“神坛”，走进“平凡的世界”，没有太多听不懂的专业术语，用得更多的是“凡语白话”，即使偶有令人不懂也不会使人感到无法接受。

徐颖还开展了一系列关于“北斗”导航的科普作品创作，例如《听说它把北斗和GPS都欺骗了，你还敢用导航吗？》创作发布后首周浏览量超过100万。

项目组总结培养科普“网红”郑永春和徐颖的经验，结合当下的传播环境和科学家的研究领域及兴趣，充分挖掘愿意做科普、擅长做科普的典型科学家代表，在“科普中国”品牌下，培养更多的科普“网红”。

（二）培养新锐制作团队做科普

随着国家对文化服务产业的支持，涌现出了越来越多的制作力量。他们多数都拥有高度专业的视频制作水平，但创作的多数作品都不是科普内容的。针对这种情况，项目组一方面积极邀请他们参加项目，共同策划精彩选题；另一方面，帮助他们邀请科学家，实现科学家和制作力量的融合，从而确保创作出科学性和艺术性都较高的科普。

视窗

幻彩宝宝科普创新公社

幻彩宝宝科普创新公社是近两年组建的视频制作团队，在参与“科普中国”项目的过程中，一直在成长。该团队的早期作品，风格较为单一，是传统的科普二维动画，更多的是从创作者的角度出发，忽视受众的关注点，发布传播后，浏览量多在十万量级左右，如《让电子皮肤代替你的手脚》。

项目组关注到，该团队成员均为具有一定学科背景的博士研究生，学习能力强，遂积极联系该团队，在前期参与策划，选择大众关注、意义重大的选题，与团队通过邮件、QQ、微信等讨论视频风格，为视频的脚本提出修改建议等。

在共同努力下，幻彩宝宝科普创新公社现在创作的视频作品，发布后的浏览量基本都能到达百万量级，风格上也日趋成熟。例如《独辟蹊径终现马约拉纳费米子真身》，不仅首周播放量达到279万，还得到了评审专家的一致好评。

（三）吸引知名团队参与项目

随着项目影响力的逐步扩大及项目品牌的建立，一批已经在社会上有一定知名度的团队主动参与到项目中。项目组针对这种情况，一方面，积极向这些知名团队学习科普创作经验；一方面，结合团队自身的特点，共同在选题和传播方面策划，力争创作更多科普佳作。

视窗

胡桃夹子工作室

胡桃夹子工作室是一个成熟的科普创作团队，并在社会上有着较高的知名度。团队主要成员均拥有3年以上的一线科普经验，了解科普传播规律，拥有将平凡的科学知识改造成有趣、吸引人的视频产品的能力和愿望。他们创作的《分钟课堂》在网上一经发布，立刻成为优酷科普类节目的领先者。

基于团队的创作特点，项目组与团队经讨论交流，针对“朱诺号”入轨木星这一热点新闻事件，提前创作了一个手绘动画视频，风格活泼、内容充实。在新闻发布当天，发布了视频作品，最终达到了126万的访问量，并得到了专家的良好反馈。

未来，项目组将持续在上述三个方面努力，目标是围绕“科普中国”品牌，持续培育优秀的科普创作团队，培育科学家做科普的典型，吸引更多的优秀团队加入项目。

四、构建新媒体传播矩阵

在传播渠道的建设中，依托已有媒体资源，拓展媒体渠道，构建集主流媒体及其客户端、即时通信客户端、知名自媒体、科学类微博、科学公众号等为一体的传播矩阵。同时，在媒体拓展时，建立了日常化、规范化的媒体协作交流机制。重点联动主流新闻客户端，紧跟重大社会新闻、科技事件，抓好作品的最佳传播时机。

（一）主流媒体渠道全面拓展

根据项目产生的作品内容及形式，有针对性、有层次性地开展传播渠道的组建与拓展，从而形成“科普中国”融合创作作品在移动客户端、手机WAP端、微博微信公众号、PC端的品牌传播。依托2015年发展的55个媒体渠道，目前已经构建了覆盖腾讯网、新华网、新浪网、网易、环球网、百度、今日头条等的90个主流媒体渠道。科普融合创作已拓展的媒体渠道列表如表4-7所示。

（二）构建科学传播矩阵

“科普中国科普重大选题融合创作与传播”立足“科普中国”优质内容，构建了集主流媒体及其客户端、即时通信客户端、知名自媒体、科学类微博、科学类公众号等为一体的互联网传播矩阵（图 4-2），实现“科普中国”在各大媒体和各大渠道平台的广泛传播。

表 4-7　科普融合创作拓展的主流媒体渠道

渠道类型	数量	主流媒体渠道
知名网络媒体	35	科普中国网、新华网、腾讯网、今日头条、网易、搜狐、澎湃新闻、人民网、新浪网、凤凰网、光明网、央视网、环球网、百度、中国新闻网、中国网、中国青年网、央广网、中华网、新民网、东方网、中国发展门户网、北京晨报网、中国经济网、观察者网、知乎、一点资讯、互动百科、优酷土豆网、百度酷 6、哔哩哔哩弹幕视频网、爱奇艺、《北京日报》、中国百科网
知名媒体公众号	24	新华社《我报道》、《人民日报》、环球网、新华网、央广网、新民周刊、IT 之家、新浪探索、新浪科技、腾讯太空、凤凰科技、环球健康、知乎日报、知乎、果壳、壹读、微博新鲜事、灼见、北大新媒体、河南日报社、壹读新媒体、瞭望智库、智课、知识就是力量
科学类公众号	30	中国地震台网速报、NASA 中文、博物杂志、中国国家地理、中国数字科技馆、中科院之声、深圳天气、科学网、科普中国、中国国家天文、广州天气、河北省地震局、中央气象台、中国科普博览、Newton-科学世界、科技日报、科通社、知识分子、赛先生、天文八卦学、中科幻彩、Know Yourself、科技锐点、细胞世界、材料科学与工程、放射沙龙、生物学通报、中国病毒学论坛、《无线电》杂志、我是数码控

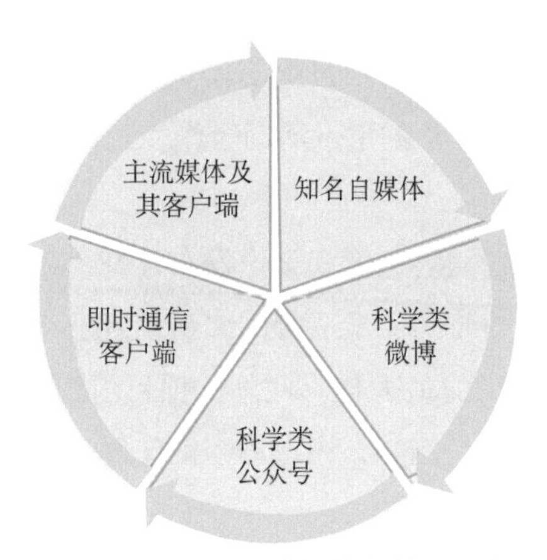

图 4-2　“科普重大选题融合创作与传播”传播矩阵

与腾讯网、新华网、光明网、网易等主流媒体及其客户端重点合作，在选题前期的策划、作品创作阶段与重点合作媒体共同策划、优化传播策划，在最好的传播点推出相关作品。五分之一的作品上了主流新闻客户端头屏、大门户网站的首页。

此外，充分利用今日头条等自媒体平台、微信与微博知名大“V”号和知名科学公众号等多种自媒体形式，进一步扩大“科普中国”在年轻人当中的影响力。

不仅基于互联网的媒体传播，“科普中国科普重大选题融合创作与传播”项目组还拓展报纸、杂志、广播、电视等传统媒体的渠道合作，并拓展与社区、学校、科技馆等线下场馆的传播活动，进一步扩大“科普中国”在各种年龄阶层中的影响力。

（三）建立规范化的媒体协作交流机制

为能进一步拓展和深化与传播渠道的合作，“科普重大选题融合创作与传播”项目组构建了日常化、规范化的媒体合作机制，建立媒体会议制度，深入与媒体渠道的联络沟通；同时建立内容推送机制，确保移动端科普融合创作团队的作品精准地推送到各渠道、各平台进行传播；同时组织创作团队与媒体渠道沟通策划选题方向，并组织媒体渠道反馈传播效果，指导创作团队对作品进行优化提升。

项目组系统性地采取了多层次的渠道推广合作举措，与诸多媒体建立联系，并与之持续保持合作关系。项目组不仅对媒体渠道进行了日常的、成制度的维护，也进行了许多非日常的重点活动合作。

1. 每日渠道推送通气

项目组密切跟踪选题完善进度和渠道发布计划，力保相关作品在完成科学性审核之后，在最适合的时间、最适合的渠道位置发布，并随时审核和批准转发请求，以达到传播效果的最大化。此外，项目组还定期收集传播效果数据，为后期奖补提供数据支持。例如，通过 QQ 工作群、微信工作群、渠道推广联络人等方式确保交流渠道的畅通。

2. 周度上线计划通气

项目组密切跟踪选题创作进度，根据作品的内容领域、表现形式等特点，提前一周与渠道通气，预排上线档期和位置，尤其是预留主流媒体客户端的首屏、首页位置，并根据渠道反馈，指导创作团队完善作品名称、导语和代表图片与内容等，谋求最佳传播效果。

3. 月度媒体对接会

为与各大媒体保持更顺畅的交流与对接，项目组每月举行一次媒体日常对接交流会，向媒体介绍近期征集及组织的选题情况，了解和收集渠道对相关选题的具体需求（包括主题、内容、形式及传播特点等），并将结果反馈给相关创作团队进行选题磨合，以利作品的后期定向推送和传播效果的取得。

最后，为保持和发挥项目在围绕重大选题开展重大效果作品培育方面的优势，建议进一步加强对融合创作与传播的支持，使之更加聚焦重大选题的融合创作与传播；鼓励系列化、专业化的作品生产，以利于产生品牌效应；并通过定期评比，给予积极参与融合创作与传播工作且绩效优秀的专家团队、创作团队和媒体渠道以优秀融合创作专家团队、优秀融合创作团队和优秀融合创作媒体渠道等荣誉称号，以极大激励更多优质资源参与融合创作与传播工作。

同时，对于若干重大科研突破和技术创新、重大新闻事件和公众生活焦点话题，项目组允许先行投入创作经费以支持科普创意策划专家、各领域的科学家、媒体传播专家开展重点选题分析和传播策略制定，之后通过竞争性谈判遴选出最适合的制作团队使之参与上述重点选题的实施，以努力打造科普精品。

第二节　强化科普信息化中的新媒体应用

在科普信息化工作中，微信、微博等新媒体以其鲜明的技术优势与在受众中极大的普及性和影响力，在科普信息传递、受众意见反馈、科普工作效率与效果提升等方面发挥着突出的作用。

一、新媒体的概念阐述

在新闻传播学领域，“新媒体”的概念并没有一个统一的为大家所公认的界定，不同的研究者从不同的角度出发，对“新媒体”有着不同方式的表述。下面，我们列举一些比较有代表性的观点，这些观点可以从不同侧面反映“新媒体”的核心特质及内涵。

研究者们一般从四个角度来定义新媒体[①]。一是从传播方式的角度来定义，如美国《连线》（*WIRED*）杂志将新媒体定义为“所有人对所有人的传播”。二是从与传统媒体相区别的角度来定义，如上海戏剧学院研究新媒体领域的陈永东副教授认为，“新媒体是相对于传统媒体而言的媒体及各种应用形式，目前主要有互联网媒体、掌上媒体、数字互动媒体、车载移动媒体、户外媒体及新媒体艺术等”。三是从技术应用的角度定义，如清华大学新闻与传播学院熊澄宇教授将新媒体定义为“在计算机信息处理技术基础之上出现的和影响的媒体形态”，同时认为“新媒体是一个相对的概念，是一个时间的概念，是一个发展的概念”“有着巨大的包容性”。四是从社会关系层面的角度定义，如中国传媒大学黄升民教授认为，“构成新媒体的基本要素是基于网络和数字技术所构筑的三个无限，即需求无限、传输无限和生产无限”。

综合上述从多种角度对新媒体的内容阐述，我们将“新媒体”概念作如下界定：新媒体指 20 世纪后期在计算机处理技术、网络和数字技术发展的基础上出现的，相对于传统媒体而言更加开放、自由、交互、多元和泛在的媒体形态。“新媒体”的“新”是一个相对的、发展的概念，目前新媒体一般包括基于网络数字技术进行信息传播的电脑、手机、数字电视机、终端信息播放屏等硬件设施，也包含微信、微博、新闻客户端、QQ 等新媒体软件。与传统媒体相比，新媒体在内容生产制作、内容传输传播、受众信息获取与反馈、传受各方的交流互动等方面都有着更为新型的形态，主要表现为：内容生产流程控制减少或消失；内容传输传播呈现无时空边界特征，是所有人对所有人的传播；受众信息获取与反馈更具自主性和便捷性；“传”“受”各方之间的交流、互动、分享更为顺畅和无壁垒。

二、新媒体特征与社会功能

当前我们所说的新媒体形态可以从硬件和软件两个方面去考量。硬件方面一般指通过互联网、宽带局域网、无线通信网、卫星等渠道，向用户提供信息

---

① 杨振英，刘石检 . 新媒体时代的语境解读 [J]. 今传媒，2013，（5）：97-98.

和服务的以电脑、手机、数字电视机等为代表的媒体终端；软件层面则指社会使用者在新媒体硬件支撑的基础上开发出来的新媒体应用软件，比如微博、微信、新闻客户端和 QQ 等。对新媒体特征和社会功能的分析，是基于这两个方面来进行的。

（一）信息传递的即时性

有相应的新媒体软、硬件的支持，信息传播的速度非常快，表现出即时性特征。信息可以第一时间通过新媒体渠道发布出去。比如借助电脑、手机或者其他移动智能终端，无论是媒体机构还是个人都可以通过微博、微信等自媒体平台将自己认为重要的信息进行传播。这种传播非常快捷，免除了传统媒体的写作、制作、审核、播出等环节，可以真正做到"第一时间"传递信息，这是新媒体最重要的特征之一。在遇到重大突发事件，需要及时向公众开展相关知识科普时，这一特性尤其显得非常重要。例如，天津港"8・12"爆炸事故发生后，民众对于化学气体的危害性及危害程度不了解，感到非常恐慌，这时有关部门和组织机构可以通过新媒体平台将相应的安全防护知识快速传递出去，以消除社会恐慌情绪。

（二）内容表现形式的多样性

在新媒体条件下，文字、图片、音频、视频等信息介质可以借助有关的技术实现多元化呈现。随着互联网技术深入人们的生活，三网融合、三屏融合程度越来越高，新媒体内容的表现形式也在不断地迭代创生。头条、界面、视频网站、新浪微博、微信等大量的 APP 应用都在向自媒体化演进[①]。VR（virtual reality）、AR（augmented reality）技术的出现增加了新媒体内容的呈现方式，延伸了人类感官，突破了人类了解世界的时空界限，让人们可以在自由选择的时空内感受到远在万里的真实世界。

---

① 杨振燕 . 互联网新媒体的几种形式 [EB/OL]. [2017-6-30].http://mp.weixin.qq.com/s?__biz =MjM5ODk4MjkzMg==&mid=457450444&idx=4&sn=f50a5d5ca7eab5c6a947aa559811617b&scene=0#wechat_redirect.

（三）内容与受众互动的交互性

新媒体的交互性包含人与内容之间的交互性和人与人之间的交互性。人与内容之间的交互性主要体现在人机交互。随着信息技术的广泛应用，人们借助电脑，通过键盘、显示器、鼠标、摄像头、麦克风等外围输入设备以及与相应的软件配合就可以实现人机交互。人机交互已经从早期的命令行式交互，发展为基于窗口、菜单、图标、指针的可视化图形界面的交互，并继续向着多通道、多感官自然式交互的方向发展，比如VR和AR技术的应用。新媒体时代，信息呈现多元化互动交流。每个人随身携带作为信息接收终端的智能设备，随时随地“泛在化”实现信息接收、获取与传播，而且受众可以通过评论、转发等方式参与内容互动，表明自己的态度，发表自己的观点，发挥自身主动性和参与性。

在Web 2.0时代，人们更可以实现一对一、一对多、多对一、多对多的交流。在一对一的线上交流（如QQ、E-mail、微信等）中，人们得以维护与特定个体的关系；在一对多的线上交流（如微博、人人、Facebook、Twitter、微信朋友圈等）中，人们通过特定文化符号建构了线上身份；在多对一的线上交流（如微博留言等）中，人们得以（将集体的狂欢与个人表达相结合）寻找集体归属；在多对多的交流（如线上游戏等）中，人们得以通过区分你我，划定群组之间的界限，从而在特定族群/组织中找到自己的位置①。在众多交流平台中，微博和微信既有一对一的交流属性，也有一对多的交流属性，而其一对多的交流属性在科普内容传播中可以发挥很大的作用。科普机构可以通过微博、微信公众号发布自己想要传播的内容，传播科普知识、传递活动信息、召集活动参与者、扩大活动影响力，等等；作为科学信息的传播者——科学家，也可以通过自己的微博、微信平台发布科普文章，从而影响更多受众，打造自己的公众影响力；每个普通的受众则可以通过转发等行为扩大科普知识传播的范围，让更多人受益。

---

① 乔智．应该从三个角度理解“新媒体”：时间，技术，社会 [EB/OL]. [2017-6-30] .https://www.zhihu.com/question/20112918/answer/31087165.

（四）内容生产的超时空性

新媒体平台基于网络技术和网络的无边界性让新媒体内容生产呈现出超时空性。不同于传统媒体的采、编、播都需要相对明确的平台和区域，新媒体内容生产在有技术设备的支持下有着较强的自主性。尤其是随着微博、微信等自媒体平台的出现及图片、音频、视频编辑设备的普及应用，自媒体内容生产更加具有自主性，而电脑、手机等终端的普及让信息发布变得随时随地可以进行。

新媒体平台的内容除了生产上的超时空性，还呈现出较强的用户生产内容（user generated content，UGC）特征。用户参与内容生产是伴随着 Web 2.0 中社会化媒体的出现而产生的，相应的发布平台包括微博、微信、视频分享网站、维基、在线问答、SNS 等社会化媒体①。在科普工作中，该特性可以让每个科普爱好者参与到科普工作中来，从而促进科普事业的发展。

（五）新媒体内容的失真性

新媒体在给内容生产带来便利性的同时，也存在着一些问题，其中比较突出的是信息失真。同传统媒体对传播内容有着严格的审核机制不同，新媒体平台的内容通常缺乏审核把关人，尤其是微博、微信等自媒体平台让信息发布成为用户的自主行为，使原创、转发瞬息之间就可以完成。在此情况下，一些不准确、不真实的信息也会大量传播，从而误导受众。

科普工作强调对真实科学知识的普及，因此科普工作人员在新媒体平台上开展科普工作不仅需要传播正确的知识，还需要针对错误信息进行纠正与辟谣。对于科普工作来说，新媒体是一把双刃剑。

三、新媒体在科普信息化工作中的应用

（一）新媒体对科普工作的促进作用

随着信息技术的发展，网络传播形成了一个影响巨大的新型媒介系统。这

① 李亚楠．新媒体时代受众参与内容生产的组织及管理研究 [EB/OL]. [2017-6-30]. http://media.people.com.cn/n1/2016/0309/c402793-28185771.html.

个系统改变着人们的交往方式和思维方式，也为科学传播带来了新机遇、新挑战。从某种程度上说，新媒体拓宽了科普工作的思维、增加了科普工作的渠道、扩大了科普工作的影响。

1. 新媒体拓宽了科普工作的思维

相对于传统媒体而言，新媒体有很多特质利于科普工作。在科普信息化工作背景下，新媒体可以充分发挥自身优势，适应科普信息化的工作模式，从科普知识资源开发及整合利用、科普活动开展、科普教育工作实施、科普产业壮大、科普基地建设、科普传播等方面拓宽科普工作的思维。

从传播平台来说，科普网站是一个重要的新媒体渠道，在科普信息化工作中可以发挥重要的作用。比如，中国数字科技馆是由中国科协、教育部、中国科学院共同建设的一个基于互联网传播的国家级公益性科普服务平台，它从宇宙探索、生命奥秘、人与自然、历史文明、健康生活、工程技术等多个视角，以 90 个专题展馆，通过精美的多媒体展现形式全方位介绍人类科技文明的盛况，还建有 6 个系统传播科学知识和细致阐述科学原理的虚拟博物馆、11 个及时传递科研进展的科普专栏、17 个引导公众参与科学实践的科学体验区，集走进科技的平台、创意展现的舞台、动态资讯的纽带、科普素材的宝库为一体，为全体公众特别是青少年群体搭建起增长科学知识、体验科学过程、激发创意灵感、了解科技动态、分享科普资源、便捷即时学习的网络科普园地[①]。这种方式充分发挥了科普网站的优势，充分集合了优质科普资源，并通过新媒体渠道实现科普资源的传播，从而让科普知识更为便捷有效地传递给公众，并为广大受众更加自由自主地获取科普知识创造了条件，实现科普传播效果的最大化。

2. 新媒体增加了科普工作的渠道

在传统媒体时代，科普工作主要通过图书、报刊、宣传挂图、广播、电视、宣传栏、地铁与公交电子屏等传统媒体来进行，其传播形式和传播渠道受到较大的时空限制。在新媒体时代，科普传播形式更加丰富。图文、视频、动漫、游戏交互等方式让科普知识更加充满互动性和趣味性；网站、微博、微信、百度百科、知乎等各种新媒体平台在公众中有广泛影响，增加了科普工作

① 王延飞. 推进科普信息化应突出五个能力 [J]. 科协论坛，2015（11）：8-12.

的渠道；移动互联网的发展和移动终端的普及则让受众获取科普知识和参加科普活动更加便捷。这些渠道的丰富都进一步促进了科普工作的开展。

3. 新媒体扩大了科普工作的影响

新媒体对科普工作影响的扩大包括三个方面。首先是“人”，在新媒体环境下，从事科普工作的人工作热情增强，并有越来越多的人愿意加入科普工作中；其次是在新媒体环境下，科普内容的产出量越来越多，内容和形式越来越丰富，受众越来越愿意接受；最后是在新媒体环境下，科普内容的传播渠道越来越多，受众的转载意愿越来越强，转载行为越来越主动积极，科普内容的传播效果越来越好。在新媒体环境下，每个受众都是科普的对象，也都可能成为科普的主体。

随着微时代的到来，传播的扁平化趋势更加明显，传播活动早已不再是自上而下的单向式传播，而是呈现信息传播的网状结构、多向结构[①]。科普信息化是应用现代信息技术带动科普升级的必然趋势，是对传统科普的全面创新，也是新媒体发展的必然结果。在受众细分、科普内容创作、传播渠道拓展、科普内容精准推送等方面，新媒体都发挥了巨大的作用，扩大了科普工作的影响。

（二）科普信息化工作中的新媒体应用案例

在科普信息化工作中，全国各地科协及科协系统内的各单位充分挖掘当地的新媒体资源，为科普工作服务。比如“科普中国”“两微一端”（微信、微博、客户端）就是中国科协为了深入推进科普信息化建设打造的新媒体平台。此外，中国科协还和新华网、百度公司合作开展大数据挖掘，为科普工作服务。浙江省科学技术协会在科普信息化工作背景下，秉承“开放、融合、跨界、共享”的理念，着力打造信息时代的科技传播新产品，同时运用“融媒体”策略，进行信息化立体传播，增强受众黏度。果壳网问答频道通过受众在线问答的新形式也生产了不少科普内容。

1. “科普中国”“两微一端”（微博、微信、客户端）建设

“科普中国”是中国科协为深入推进科普信息化建设而打造的科普传播平

① 肖君. 新媒体对科普宣传的影响与提升 [J]. 云南科技管理，2015，28（1）：57-58.

台，主要传播渠道包括科普中国网、各门户网站（如腾讯网）的“科普中国”频道、“科普中国”微平台（微信、微博）和“科普中国”APP①。

作为“科普中国”旗下主要面向移动终端的“科普中国”微平台（主要指“科普中国”微博、微信）和“科普中国”APP，是中国科协官方的移动互联网科普平台。“科普中国”微平台自2014年9月上线以来，截至2017年2月，累计发布科普文章超过2900篇，其粉丝数达到199万人，总传播量达到13.75亿次，入驻“科普中国”微平台后台的科普科研机构达到600家。

此外，中国科协还和新华网、百度公司合作开展新媒体时代的科普工作。通过和新华网合作，开发建设“科普中国实时探针”新媒体数据平台，对广大用户阅览科普内容的情况及科普舆情情况进行解读，并将分析结果通过微博、微信等平台发布，从而使这些分析结果可以为科协系统的科普工作提供参考。通过和百度指数合作，中国科协开展中国网民科普需求搜索行为数据分析，从而对中国网民的科普需求更加了解。为了贯彻落实《全民科学素质行动计划纲要实施方案（2016—2020年）》，中国科协还联合全国学会，授权百度百科实施“科普中国”百科科学词条编写与应用的工作项目——“科普中国·科学百科”。该项目结合百度百科强大的平台影响力以及中国科协14个学会及国内顶尖专家资源，增加了科普内容的权威性和公信力。

视 窗

中国科普研究所科学媒介中心（SMC）微信平台

中国科普研究所作为国家级科普研究机构，2015年上线科学媒介中心（SMC）微信公众号，通过该平台推送科学传播文章，与国外科学媒介中心进行互动交流，并开展科学家和媒体从业人群的培训，为科协及联合单位的科普活动提供资源支持。该平台还组织开展期刊科技文章作者和大众媒体之间面对面互动的“刊媒惠”活动，为双方搭建沟通桥梁，促进科学传播工作。

“科学大院”微信平台

“科学大院”是中国科学院在2016年主办的微信公众号，该平台发

① 资料来源：百度百科。

挥中国科学院专家团队的优势，对社会热点事件作出科学解读和及时响应。和同类科普公众号相比，“科学大院”中的文章和中国科学院的机构属性比较匹配，文风整体偏严肃、严谨，强调专业性、知识性和科学性，避免文字随意化和过于萌趣化；相对于其他同类平台来说，“科学大院”的选题有很多来自于社会新闻事件，比其他同类平台的选题更加追求生动和快捷。该公众号上线一年以来，单篇文章最高的阅读人数超过2万人次。

2. 浙江省科学技术协会运用“融媒体”策略打通线上线下

浙江省科学技术协会在科普信息化工作背景下，秉承“开放、融合、跨界、共享”的理念，着力打造信息时代的科技传播新产品，运用“融媒体”策略，采用信息化立体传播手段，尝试线上线下循环互动，加大了科普活动在时空上的广度和深度，增强了受众对科普活动的黏合度。同时，浙江省科学技术协会还主导各方媒体力量的融合，把纸质媒体、网络媒体、电视媒体等多种传播力量聚合在一起，从而形成资源互通、用户共享、流量互导的共赢机制，形成科学传播从“单兵作战”到“矩阵传播”的良好态势。浙江省科学技术协会开展“科学+”系列科普活动，探索科学传播活动的新模式，利用纸质媒体、网络媒体、微媒体全方位互动，以扩大科学传播的声音。抓好传统媒体与新媒体的互动互补，实施“融媒体”科普传播策略，在利用原有的报纸、电视、广播等传统媒体途径的基础上，做好传统媒体资源的二次开发，同时组织社会力量制作和购买符合新媒体传播特点的科普产品和内容，充分利用各种基于互联网和智能手机终端的传播新途径，让科学信息渗透于各种不同类型的传播媒体，打通传统媒体和新媒体的界限，建立矩阵式的传播平台。其中包括建立全国首个科普微信矩阵、打造华数数字电视科普频道专区“最强科学+”、与浙江新闻客户端合作“小菜知道”栏目、与腾讯大浙网推出科普“新闻课”、与《都市周报》合作开发“科学训练营”活动、与浙江新闻客户端合作举办“浙少年创客大赛”、与《都市快报》合作“好奇实验室”系列视频开发制作。新媒体传播渠道的开发可以扩大科普工作的影响。

视 窗

“融媒体”不是独立的实体媒体，而是一种媒介环境的样态，也是一种运用媒介开展工作的理念。它具体是指在互联网背景下，充分利用报纸、杂志、广播、电视、PC、手机等媒介，发挥其在内容制作与传播方面的优势，互相渗透和融合，从而使单一的表现形式和传播渠道变得更加丰富多元，将单一媒体的竞争力变为多媒体共同的竞争力。“融媒体”环境下的一个重要特征，即“媒介之间的边界由清晰变得模糊”[①]。

3. 科普新媒体平台纷纷兴起：以果壳网问答为例

应该说，自从中国进入移动互联网时代，新媒体的发展就十分迅猛。社交媒体和自媒体的蓬勃发展为新媒体平台提供了大量的原创科普内容。“果壳网问答”、“赛先生”、科学松鼠会、“科普一分钟”、“知识分子”、“科学大院”、“科学人”等一大批正在形成权威性和影响力的科普新媒体平台让科普传播蒸蒸日上。

果壳网问答频道是果壳网推出的一个用户互助式网络问答社区，用户可以在此自由提问，阅读者可以从中选择自己擅长的问题有针对性地进行回答。因为它是果壳网下设的频道，故其天然带有科普属性，是目前新媒体科普领域的一个重要阵地。

视 窗

知乎 Live 是知乎在 2016 年推出的实时问答互动产品，通过答主针对某个主题分享知识、经验或见解，听众付费实时提问并获得解答的方式实现知识分享与变现。具体方式为，答主可以创建一个主题 Live，这个主题 Live 会出现在关注者的信息流中，用户点击并支付票价（由答主设定）后，就能进入沟通群，并且用户可通过语音分享专业、有趣的信息，通过即时互动提高信息交流效率。

分答是由果壳网在 2016 年推出的付费语音问答平台，它延续了知识传播与分享的方式。答主可以开通问答页面并设置答题费用。用户之间通过问答的方式实现知识分享与知识变现。在分答平台上，涉及的领

① 资料来源：百度百科。

域包罗万象，如健康、理财、职场等。除了普通人问答分享，行星科学家郑永春博士等众多名人答主也在分答付费语音平台回答各类问题，并在短时间内引起强烈反响。

第三节　连接科普的“最后一公里”

科普工作最薄弱的环节就是“最后一公里”的问题。科普信息化是针对这一薄弱环节的解决方案之一，即通过科普信息化实现科普工作转型升级，逐步实现科普内容的精细分类和精准推送[①]。在科普信息化工作中，要准确认识“最后一公里”面对的对象，准确把握他们的科普需求，有针对性地进行供给，并通过各种措施保证科普信息内容的到达。

一、“最后一公里”的内涵及其在科普工作中的重要性

“最后一公里”在英美也常被称为“最后一英里”（last mile），原意指完成长途跋涉的最后一段里程。在科普领域，“最后一公里”通常指科普内容可以到达受众的距离最近的某个通道。在传统媒体时代，广播、电视、报纸、杂志、图书等媒介渠道是科普工作的“最后一公里”，受众通过这些渠道可以获取科普知识；到了互联网时代，一切可以接入互联网的终端渠道，如电脑、手机等，都成为新的科普工作的“最后一公里”，通过这些渠道，受众可以更加及时、便捷地获取科普信息；对于区域性 / 圈群性受众来说，科普宣传栏、科普画廊、科普大屏等相对固定的科普渠道，又发挥了身边的科普工作的“最后一公里”的功效；科技馆和数字科技馆等专业科普机构又分别适应不同受众的需要，发挥了实体场馆和网上场馆的科普工作的“最后一公里”的作用。此外，公共机构科普资源向公众开放也是科普工作的“最后一公里”建设的一个

① 尚勇．在中国科协2016年科普工作会上的讲话[EB/OL]. [2017-6-30]. http://vote.cast.org.cn/n17040442/n17041583/n17041598/n17041661/17082605.html.

重要渠道。比如中国科学院举办的“公众科学日”向公众免费开放大批国家重点实验室、天文台站、植物园、博物馆、野外台站、大科学装置等，策划、实施数百场形式各异的主题科普活动，吸引社会公众走近科学、走进中国科学院，从而提升公民科学素质。而科普大篷车作为“流动的科技馆”，对于偏远地区的受众来说，也是科普“最后一公里”的重要渠道。

一句话，科普工作的“最后一公里”就是要让人民群众真正享受到自己所需要的科普实惠。科普难，难在最基层。科普作为公共服务，服务链要重视末端、重视细节、重视衔接、重视公众满意度，越到最后越要坚持，否则前功尽弃。科普工作要深入基层、注重实效和长效，通过解决好“最后一公里”问题，体现科普服务的公共性、公平性、群众性和长效性①。

中国科协发布的第九次中国公民科学素质调查结果显示：2015 年我国具备科学素质的公民比例达到了 6.20%。但是从不同区域来说，经济发达地区的公民科学素质水平一般高于经济欠发达地区；在不同性别之间，公民科学素质水平也有一定的区别，男性公民的科学素质水平明显高于女性公民。科普工作是提升公民科学素质的重要渠道，中共中央政治局委员、国务院副总理刘延东强调，要扎实推进、实施全民科学素质行动，为建设世界科技强国提供强大支撑，要切实增加对科普的投入，各省市县本级财政的科普投入要达到人均一块钱，“这是一个基本要求，这半根冰棍钱要舍得投入”②。这一要求为科普工作的“最后一公里”建设工作提供了经费保障。

二、科普信息化“最后一公里”重点解决信息到达

科普信息的“到达”主要包括三个重要环节：一是科普内容的按需足量供给；二是传播渠道便捷通达，便于信息获取；三是受众具有获取科普知识的需求与习惯。

① 王康友．跑好科普“最后一公里”并不简单 [N]. 光明日报，2016-12-09（01）.

② 刘垠．刘延东谈增加科普投入：“这半根冰棍钱要舍得投入”[N]. 科技日报，2017-06-30.

（一）科普内容的按需足量供给

科普知识通常具有一定的专业性，需要专业人士提供。在我国当前的科普内容供给体系中，中国科协承担了很大一部分工作，其“科普中国”品牌下汇集了大量的科学家等科普专业人士。他们策划、撰写、制作了大量专业的科普内容，这些内容资源相对能够满足大部分人的需求。但是从社会发展的角度来说，仍然有很多领域的很多知识需要有人持续不断地供给。尤其在新媒体时代，互联网上经常有一些不实的科普知识通过新媒体渠道流传，这时更需要专家及时释疑解惑。对于基层受众来说，有关农业、气象、网络应用等内容的知识普及也需要有专门的人士来提供，科普内容的后续储备仍然有很多的事情需要完成。

（二）传播渠道便捷通达，便于信息获取

对于城镇居民来说，互联网、移动互联网、移动智能终端的普及已经让传播渠道相对丰富，科普知识获取也相对便捷。但是对于经济不发达地区的乡村居民来说，他们中有一部分人对互联网不够熟悉，对移动智能终端的使用率不高，通过这个渠道获取科普知识比较受到限制。通常，这个群体还是通过传统的电视、广播等大众媒体获取科普知识。在科普信息化的工作背景下，科普大屏逐渐普及，其中有丰富的科普内容；科普信息员通过对科普大屏上的内容选择推送或者通过建立 QQ 群、微信群等方式进行内容推送，进一步拓展了受众获取科普内容的渠道。

（三）受众具有获取科普知识的需求与习惯

科普知识传播的“最后一公里”，受众是信息的直接接收方，受众对于科普信息的需求与无障碍理解是科普知识实现最终到达的重要方面。如何在日常科普工作中让广大受众形成“学科学、爱科学、讲科学、用科学”的社会风气，挖掘受众对于科普知识的内在需要，让受众对科普知识产生强烈的需求，引导受众养成关注科普知识的习惯并且具备理解科普知识的能力，都是对解决科普工作的“最后一公里”的重要保障。

三、科普信息化工作疏通科普工作的“最后一公里”

科普信息化工作充分发挥移动互联网时代的优势，集合了传统媒体、新媒体以及众多可与受众直接接触的媒介设施为科普工作服务。除了传统大众媒体和传统科普设施等可以将科普内容直接带到受众身边，电子化终端是线上科普资源与受众接触、交互最直接的媒介。智能手机作为最主要的移动内容接收互动终端设备，在科普内容传播与到达的过程中发挥着重要作用。除此之外，各地科协在科普信息化落地应用中，还加强了公共终端设备的配置，为公众接触优质的科普内容资源提供更多的机遇和更大的便利。

（一）“新”“旧”媒体交叉融合做科普

在科普信息化工作中，各地科协可以充分运用“融媒体”策略，采用信息化立体传播手段，通过线上线下循环互动的方式，加大科普活动在时空上的广度和深度，增强受众对科普活动的黏度。同时，科协系统的单位还可以主动引导各方媒体力量的融合，把纸质媒体、网络媒体、电视媒体等多种传播力量聚合在一起，形成资源互通、用户共享、流量互导的共赢机制，形成科学传播从“单兵作战”到“矩阵传播”的良好态势。

江苏省淮安市科学技术协会联合江苏有线淮安分公司从技术源头整合，打造了“科普淮安”（频道号为 12920）云媒体电视互动科普传播平台。该平台以数字信息技术为基础，依托有线双向数字电视网络，集报纸杂志、广播电视、互联网传播功能于一体，是以数字电视网络为支撑的全新综合服务平台。当前，网内直接用户超过 150 万户，互动用户超过 80 万户。

（二）科普终端设备的经费来源及外观形式多样

各地为科普信息化服务的终端设备的经费来源及终端形式都具有多样性。经费来源主要分为两类：一类是科普专项财政经费资助，另一类是已有公共服务设施的借用。例如，江苏省的科普信息化建设专门立项，省财政资助为苏北地区各社区配置了近 600 块科普大屏；山东省通过数字科普工程在全省布置了

1 万块科普大屏；上海市则充分利用已有设施开展科普工作，中共上海市委宣传部、上海市精神文明建设委员会办公室、上海市经济与信息化委员会、上海市文化广播影视管理局共同发起、建设了“东方社区信息苑”，让该项工程深入多个社区，使“科普中国”内容入驻数字社区。

各地终端在屏幕的尺度、互动性、布点方面各有特色，体现了地域差异。江苏等地采用了室内立式触控大屏，屏幕外观尺度较大，视觉效果较好，操作相对简单，适合年长或年幼的居民阅览使用；布点位置主要是街道或社区的政务办公大厅，方便居民在办理事务的间隙阅览。上海市在近 400 家社区电子阅览室中布置的终端以台式电脑液晶屏为主，方便多位居民同时浏览电子报刊和知识网站；各社区活动室中的终端则以壁挂式液晶屏为主，主要用于活动内容演示，也可联网供社区居民浏览科普信息。山西省的乡村科普 e 站采用的是配摄像头的壁挂式液晶屏，农民除了可以阅览科技知识外，还可就农业生产中遇到的科技问题与专家进行现场远程咨询；而城镇社区采用的是户外 LED 显示屏，集科普宣传和社区事务通告于一体，屏幕质量可经受室外气候考验。新疆科学技术协会建立的也是户外 LED 科普大屏，适合人流量较大的公共场合。吉林省的电子科普画廊在不同布点形式各异，社区采用壁挂式液晶屏，户外的则是电子大屏。

（三）公共终端科普内容资源的丰富与共享

就科普内容来说，各地为科普信息化服务的终端设施都配备了比较丰富的内容资源。其中内容来源主要有三部分：一部分来源于中国科协科普专项品牌“科普中国”中的科普内容资源；一部分来源于各地终端设施与当地科普内容供应商合作，由专门的内容供应商生产的科普内容资源；还有一部分来源于终端设施设置当地的设备主管单位结合当地生产、生活实际发布的一些科普内容资源。除此之外，还有一些机构，比如江苏联著实业有限公司，通过搭建云平台为全国各个省（区、市）之间建立科普内容资源的互换机制，以丰富各地的科普内容资源。

（四）“科普中国·百城千校万村行动”助推科普工作的“最后一公里”建设

为深入落实《全民科学素质行动计划纲要（2006—2010—2020 年）》，加快推进科普信息化建设，切实提高国家科普公共服务能力，推进社区、学校和乡村与“科普中国”的精准对接，开创全民科学素质工作新局面，中国科协决定在全国开展“科普中国·百城千校万村行动”，用三年时间，在数百个城市、数千所学校和数万个乡村，实现“科普中国”落地应用，尤其是对行动城市内的校园、社区、乡村 e 站建设提出要求，切实打通科普工作的“最后一公里”。该行动由中国科协发起，全国各省市科协联合推动，计划在 2017 年，通过试点示范，在全国省会及副省级以上城市实施；2018 年，在全国所有地级市实施，对东、中、西部省市，提出有差别的覆盖率要求；2019 年，在全国县级以上行政区域实现全覆盖。该行动将有力推进科普信息化工作，促进科普工作的“最后一公里”建设。

第四节　探索科普信息化中的市场机制

科普事业和科普产业并举的发展道路一直在探索之中。科普信息化建设专项的实施，践行了在科普中引入市场机制的构想。科普信息化是信息化带动科普工作理念、模式、路径、方式全面创新的“颠覆性”变革。在这里，我们重点探索这些变革中市场机制的引入。

一、科普信息化建设引入市场机制的理论依据

市场机制是通过市场竞争配置资源的方式，即资源在市场上通过自由竞争与自由交换来实现配置的机制，也是价值规律的实现形式之一。具体来说，它是指市场机制内的供求、价格、竞争、风险等要素之间的互相联系及作用机理。市场机制是一个有机的整体，它的构成要素主要有市场价格机制、供求机制、竞争机制和风险机制等。在科普信息化过程中引入市场机制，是对科普信息化建设机制的创新。科普信息化要充分利用市场机制，建立科普产业主体多元、投资多元和市场导向的运作机制，最后实现政府、企业和社会互利共赢的科普服务新方式。

（一）将社会资本引入公共产品的生产与供给：满足公共产品的内外在需求

公共产品的投资（资金来源）、生产建设和运营管理可以相互分离，从而使公共产品的某些环节上能够积极地引入市场机制。只要认真研究公共产品的特点，正确引导和利用市场的力量，就能够使市场机制在公共产品领域发挥更大的作用。科普信息化建设上将社会资本引入公共产品的生产与供给能满足公共产品内在与外在的需求。

一方面，社会资本参与公共产品供给能满足外在需求。公共产品和准公共产品应由政府组织和安排，政府干预是必要的。但政府干预并不等于政府直接参与经营和生产，更不等于政府包揽。社会资本参与公共产品供给的外在需求主要体现在，公共产品的政府供给职能是指政府必须负责向社会提供一定数量和质量的公共产品，而公共产品的具体生产和经营可以通过公开招标的方式由私营部门投资经营；而对于一些已经由政府投资建成的项目，也可以通过管理合同、租赁协议等方式改为企业经营，政府可以适度撤出投资。

另一方面，社会资本参与公共产品供给能满足内在需求。从市场的角度看，资本增值是企业或者社会资本参与公共产品供给的最重要的动力之一。实行投资主体多元化，使公共产品生产和企业经营按照现代企业制度要求规范参与市场竞争，拓宽了社会资本投资的领域。从资本运营的角度来看，社会资本参与公共产品供给有利于提高投资决策的科学性，提高投资和资源配置的效率，从而为纳税人提供更多、更好的公共产品。

（二）社会资本与政府合作的良性生产循环：有效提升社会资本自身的品牌价值和社会责任感

探讨公共产品市场化，把公共产品（至少是一部分）推向市场，是解决财政支出困难和资源使用效率下降的根本途径。我国提高公共产品效率的途径是打破计划经济和传统思维的束缚，转变观念，把公共产品逐步推向市场。公共选择学派通过大量实证，对“政府失灵”进行了深入分析，并对如何解决这种缺陷提出了改进方案——引入竞争机制。促使公共部门之间为拨款而展开竞争，这样有利于促进准公共品供应的实质性改善。布坎南认为，因竞争的加强而增加的利益，将超过由于生产责任在两个或更多部门间分配所造成的效率损失。供应和生产可以分开，公共供应完全可以和私人生产结合起来，这些思想在后来的新公共管理运动中得到了体现。

视 窗

公共选择学派（public choice）是在20世纪70年代凯恩斯主义陷入困境后，西方经济学界出现的、以经济学方法研究非市场决策问题的重要学派，其主要代表人物是詹姆士·布坎南（James M. Buchanan，1919—2013）。布坎南突出的经济贡献是创立了公共选择理论，将政治决策的分析同经济学理论相结合，使经济分析扩大和应用到社会–政治法规的选择。公共选择即政府选择，就是通过集体行动和政治过程来决定公共物品的需求、供给和产量，是对资源配置的非市场选择。布坎南因此而获得了1986年的诺贝尔经济学奖。他的著作甚多，包括《价格、收入与公共政策》（合著，1954年）、《公共产品的需求与供应》（1968年）、《公共选择理论：经济学在政治方面的应用》（合著，1972年）等。

而社会资本的增值有两层含义：一方面是上文所提到的以货币形式为主的增值效应，另一方面则是在品牌知名度和社会责任方面的间接性增值效应。社会资本通过参与公共产品的供给，形成与政府合作的良性生产循环，将之作为一种长期性的合作态势，为社会提供相对更优质的公共服务和产品，提高社会资本自身的品牌价值和社会责任感，这也无形中对其资本增值做出相应的贡献。

（三）政府主导与市场驱动是相互促进、有机统一的

在科普信息化建设领域，市场驱动与政府主导，不仅不是对立的，反而应该是相互促进、有机统一的。两者相互补充，相辅相成，都是调动和吸引社会资本参与科普信息化建设不可或缺的重要力量。没有市场机制参与，政府就有可能陷入对科普资源的垄断，而靠传统方式很难调动起各类科普资源的积极性，其他社会资本更难以参与科普信息化建设。不仅如此，缺乏市场机制，行政权力对科普信息化建设的垄断，还很容易滋生权力寻租行为，产生权力腐败

现象。市场机制及其运作是吸引、凝聚社会资本参与科普信息化建设的重要渠道。同样，没有政府主导力量的干预，仅仅靠市场机制调节科普信息资源，就必然会造成科普领域发展的不平衡，某些社会效益高但经济效益低的科普产业和行业就有可能受到市场规划的冲击而被严重削弱，造成基本公共服务的新的不均等现象。

从总体上说，当前科普信息化建设需要引入市场规则和竞争机制，但这绝不意味着政府可以放弃在科普信息化发展中的主导地位。恰恰相反，在市场经济条件下，科普信息化建设必须把政府的主导作用与市场的驱动作用有机地结合起来，把政府“有形之手”的优势与市场“无形之手”的优势有机地结合起来，既要有效地防止和避免“政府失灵”，又要有效地防止和避免“市场失灵”。

二、国外信息化建设中的市场机制运行状况及启示

因各国的国情不同，国外的科学传播与普及研究在称谓、领域和研究视角等方面存在诸多差异。以英国为代表的“公众理解科学”和以美国为代表的“公民科学素养”，是目前科学传播理论的两大主流研究路径。

20 世纪 60 年代，英、美等发达国家就已经成为世界上科普信息化产业发展的领跑者。科普投入主体多元化和科普运作主体多样化是发达国家科普信息化产业发展的主要特点，并且，发达国家科普信息化产业已经形成相对成熟的运作模式。欧美发达国家科普信息化产业的运作主体包括政府、非营利组织和企业。

（一）国外科普信息化采用市场机制的基本形式

1. 政府主导，多元投入主体共建共享

美国政府在全国科普工作中发挥着有效的杠杆作用。奥巴马在美国国家科学院第 146 届年会上提出，通过加强数学和科学教育等政策措施，实现提高研发投入占 GDP 的比例这一目标。参与科普工作最多的是美国国家科学基金会（NSF）。此外，以美国科学促进会和史密森尼学会为代表的民间团体影响最大。

欧盟在第六研发框架计划期间，每年对科普投入2700万欧元，围绕“科学与社会”开展研究。从实施第七研发框架计划（2007—2013年）开始，欧盟每年的投入经费增加到4700万欧元，增幅达74%。欧盟研究总司下设科学与经济和社会司，负责欧盟层面的科普指导工作。

英国政府授权贸工部科学技术办公室科普小组负责管理和实施科普工作。规模最大、影响最广泛的民间科普组织——英国科学促进会是一个独立于政府的慈善机构。英国政府在科普工作的推进与开展中，比较注重形成各参与主体利益相互协调的运行机制，促进科学发展走向民主化和合理化，确保先进的科学技术成果能够为人民的健康和福利服务。英国政府每年都会拨出专项资金支持和资助开展公共科普活动，其中由英国科学促进会每年组织的科技周和科学节是最引人瞩目的。开展科普活动的重要场所主要集中在全国各地的科技博物馆和科技中心，而且这些场所中的展品和展项设计工作是英国科普产业发展的重要支撑。

日本政府科技经费的60%左右由文部科学省掌握。直属于文部科学省的科学技术振兴机构主要负责科普事业相关经费的具体管理、文部科学省的科普政策的落实。民间的主要科普机构有博物馆协会、全国科学博物馆协会和全国科技馆联盟。日本政府的科普理念是，科学技术的发展必须得到社会大众的理解与支持。

加拿大联邦工业部负责管理全国的科技工作，而具体的科普推动工作由加拿大三大科技拨款机构之一——国家自然科学与工程研究理事会负责。有关的非政府组织主要包括加拿大青年科学组织、加拿大皇家科学学会、科学与工程伙伴团体等。

俄罗斯有很多社会团体和非政府组织机构从事科普或与科普相关的工作，如知识协会、科学世界科技成就普及协会、天文协会和“迪纳斯基亚”基金会。

2. 市场机制下的社会资本参与

发达国家的政府对科普项目普遍采取“费用分担”的资助方式，建立了政府、科普组织、科技团体等积极参与和企业、基金出资赞助的科普实施运行框架，其目的是希望以政府的支持作为种子经费或催化剂，吸引更多的社会力量共同支持科普事业，并形成在市场机制下的自我运行。例如，英国、法国的政府科普拨款计划明确规定，政府对科普项目的资助不超过项目总费用的 50%；美国科学基金会仅为科普项目提供部分经费，支持强度视项目的范围和性质而定，而其余经费由项目机构从其他渠道获取；加拿大对科普的投入主要由政府、大学、研究机构、社区、非政府机构、企业与个人捐赠 7 部分组成。发达国家能够实行科普项目费用分担的模式，在于它们拥有广泛的社会融资渠道和支持科普的社会氛围。

在美国，对科普信息化的投入主体有大众媒体、科学博物馆、科学中心、图书馆和非营利组织（包括各类科学团体和基金会）等。美国大多数媒体都办有科学专栏节目，这些节目覆盖了整个美国。在开展科普活动方面，影响较大的有美国科学促进会、科学服务社等。科普影视也是美国发展科普信息产业重要阵地。美国科幻电影的繁荣培养了公众的科学想象力，促进了相关科技能力和制作技能的提高，对科技创新和科学普及，都具有积极的促进作用。

（二）国外科普信息化建设中的政府角色

1. 制定战略规划和目标，实施科普项目拨款计划和资助活动

日本的科普工作一直是由政府、产业界、学术界和社会共同来完成的，日本政府的主要科普机构有文化教育科技部以及所属的科学技术会议、科学技术振兴事业财团、科学技术政策研究所等。科学技术会议下设加强理解科学技术委员会和秘书处，这两个部门负责提出国家的综合措施，有计划地、经常性地开展加强国民理解科学技术工作。科学技术振兴事业财团法第四章（业务范围）第三十条规定，事业团共有 8 项业务，其中第 4 项业务是普及科学技术知识，加强国民关心和理解科学技术。

在日本，各部厅、学会、科技馆、大学、志愿者等想开展科普活动，可以向加强理解科学技术委员会提案，必要时可申报预算。为了加强国民理解科学技术，科学技术振兴事业财团 1999 年开始进行加强国民理解科学技术 3 年活动，口号是“我们自己必须对科学技术作出一定判断的时代到来”，目标是用 3 年的时间创造一个人人都能把科学技术看作是与音乐、美术、文学、思想一

样的文化活动，使科学技术让人感到亲切、亲近、不可或缺的环境组成部分。此外，科学技术政策研究所作为日本政府的官方研究机构，对科学技术与社会的关系也做了许多调查研究，并为政府制定科技政策乃至科普政策提出积极建议。

2. 打造项目培育机制，引导多元社会参与

一些发达国家在国家科学基金和国家科技计划项目中设立科普资助机制。英国科研理事会及其8个学科理事会对资助的项目提出了从事“公众理解科学”的要求。NSF设有“非正规科学教育项目”。该项目资助的范围包括：开发和实施旨在提升全体公众对科学、技术、工程和数学的兴趣以及参与和理解的非正规学习经验；促进非正规科学教育的知识和实践。项目经费约占NSF总经费的1.1%，并且NSF会对课题申请提出“价值评估”，评估涉及项目对正规科学教育和非正规科学教育的价值。美国国家航空航天局要求所有获得资助的项目，提取经费的0.5%～1%从事面向公众科普的“社会服务和教育”活动。日本科学技术振兴机构（JST）设有“促进公众理解科学”部，“公众理解科学”经费占JST总支出的6.7%。欧盟科技发展框架计划中专门设有“科学与社会行动计划”，该计划旨在促进科学家与公众的对话交流，促进公众理解科学。

3. 制定相关政策，进行执法管理

美国一向注重科普工作与公民素养的提升。早在1994年克林顿就签署发表《科学与国家利益》系列政策文件，确立了美国政府科技工作的5个目标，其中的一个目标就是要通过科普提高全体美国人的科学素养。美国国会1998年发表的《开辟未来——走向一个新的科学政策》报告，也特别强调面向公众开展科普工作。白宫科技政策办公室（OSTP）2004年印发的《为了21世纪的科学》文件，分析了科普对美国科技工作各方面的重要意义。2009年，奥巴马在美国国家科学院第146届年会上提出，通过有力实施数学和科学教育等政策措施，实现提高研发投入占GDP的比例这一目标 。2013年5月，在奥巴马的主导下，美国国家科学技术委员会向国会提交了《联邦政府关于科学、技术、工程和数学（STEM）教育战略规划（2013—2018年）》，其目标是为未来提供足够多的技能娴熟且表现优异的STEM劳动力。

（三）对我国科普信息化建设的启示

1. 政府要构筑一个广泛吸引社会力量投入和参与科普事业的机制和氛围

在科普市场化运作过程中，政府并不仅仅是扮演重要的投入主体的角色，更重要的是构筑一个广泛吸引社会力量投入和参与科普事业的机制与氛围。具体表现在：其一，制定科普战略规划和目标，实施科普项目拨款计划和其他资助活动，对科普项目进行评估、审核，以确定政府投入的具体方向；其二，通过项目形式对科普投入主体和市场运作主体进行培育，引入中介机构以吸引社会多元投入；其三，提供公共资源主办国家或地方科技周等大型科普活动，构筑科普平台以引导社会力量参与科普活动的开展；其四，制定相关法律法规，出台优惠政策，进行执法管理。

政府是科普信息化建设机制形成的引导者和推进者，而不仅仅是主要投入方，往往市场化运行在没有形成时需要政府做主要投资方，而当市场机制形成并运行良好时，多元化主体自然显现。

2. 投入主体多元化和运作主体多样化利于形成市场化机制

从 20 世纪 60 年代开始，发达国家的科普市场化经历了科普投入主体多元化和科普运作主体多样化的过程。其特点是，科普投入主体在培育和扶持了运作主体后，并没有无条件、长期的资金流入，而执行选择性的机制，形成了对运作主体的利益约束。这种利益约束机制的具体化便是一系列的科普运作绩效评估、审核标准，要求运作主体达标才能获得资助。也正是这种利益约束机制促进了不同的运作主体之间的竞争，使运作主体采用市场化的手段开拓科普消费市场、提高资金和资源的利用效率。而一些非营利性组织则负责筹集资金，以基金会的形式资助科普服务项目的建设和科普产品的创作出版等。

在科普市场化运作过程中，企业参与方式更为多样化，包括赞助项目、建设基础设施、投资科普文化产业等。国外在推动科普信息化建设中，与多主体协作的同时形成市场竞争机制，从而推动科普产业的发展进程。

3. 完善的政策法规和税收优惠政策为科普信息化建设护航

作为文化产业税收体系发展完善的发达国家，美、英、日、澳在其文化产业的税收优惠政策（表 4-8）上的侧重略有不同，但总体上都高度重视文化产业的发展，并运用了一系列的税收优惠政策。

表 4-8　美、英、日、澳文化产业税收优惠比较[①]

国家	美国	英国	日本	澳大利亚
产业发展态势	以知识产权为核心的版权产业	政府“一臂间隔”管理下的创意产业	作为国家战略的内容产业	产权最为集中的传媒产业
行业差异化	州政府有针对不同文化产业的不同程度低税政策	主要突出对传统高雅文化纸媒的税收支持	未对各细分行业做细致的税收规定	主要集中于电影产业税收鼓励机制
企业差异化	主要针对中小文化科技企业	对中小企业和个人文化经营都予以税收优惠	鼓励新设企业和文化小企业的发展	提高小型文化企业的起征点，并允许按年分期支付工薪税
区域差异化	各地区文化产业政策都存在不同程度的差异	地方税收自主性弱，税收政策上区域性的差异不明显	地方政府的税收自主权不大，各区域税收政策差异不明显	通过国家权力、民间团体以及社会服务多层面的文化机构来处理较明显的税收差异问题

分析美、英、日、澳文化产业的税收政策，有三种差异是在设计税收政策时需要考虑的：行业差异、企业差异和区域差异。行业差异主要指不同行业在发展程度、发展速度以及国民经济地位上的差异。要调节这种差异，可能的办法是对不同的行业设置不同的税率。对税种结构差异较大的行业，可以通过差异化征税来均衡产业发展。企业差异主要指企业在存续时间和发展规模上的差异。对某些新入企业，政府往往采取鼓励的态度。而对中小型企业，出于保持经济活力和增加就业机会的考虑，政府在制定税收政策时往往也会有所倾斜。区域差异主要是指各个地区经济发展程度及行业结构上的差异。政府在考虑这种差异时，除了考虑平衡地区发展，可能也会有调节地区产业结构的打算。差异化的税收政策有利于减小收入差距，对平衡经济发展有重大助益。

通过研究美、英、日、澳四国所运用的税收优惠政策，可以得出如下结论：文化产业的税收优惠政策的主要目的是尽可能降低投资者的投资成本与风险，并创造尽可能多的投资效益，由此推动全社会更多的资金流入文化产业。而且随着税源的不断增加，政府也会获得更多的税收收入。如此循环往复的过

① 张伟捷，郭健全，魏景赋. 发达国家科普相关产业税收经验借鉴与分析 [J]. 中国科技论坛，2016（4）：90-95.

程能更好地形成文化产业发展的良性政策激励机制，而这种机制使得美、英、日、澳的文化产业形成了产业结构健全、产业部门相辅相成与相互支撑的文化产业链。这也给我国科普产业税收政策的制定提供了借鉴。

三、我国科普信息化建设中市场机制的引入

《中国科协关于加强科普信息化建设的意见》中明确指出："充分运用市场机制，创新科普运营模式。有效利用市场机制和网络优势，充分利用社会力量和社会资源开展科普创作和传播，是科普运营模式的重大创新。各级科协及所属学会要积极争取将科普信息化建设纳入本地公共服务政府采购范畴，充分发挥市场配置资源的决定性作用，依托社会各方力量，创新和探索建立政府与社会资本合作、互利共赢、良性互动、持续发展的科普服务产品供给新模式。"

目前社会资本参与科普信息化建设主要有科协与科委科普信息化规划项目申请形式、馆企合作形式、科普信息化项目招投标形式、企业自主科普形式，以及公私合营 PPP 模式。

（一）中国科协以 PPP 模式开展科普信息化建设

在 PPP 模式中，政府虽然还是公共产品和服务的提供者，但已不再是生产者，而成为选择生产者的采购人。当然，这只是改变了公共服务的生产方式，从实质上讲并没有改变公共服务的根本性质，公共服务的提供责任依然要由政府来承担。中国科协作为推进社会资本参与科普信息化建设的主导力量，不仅在各类相关政策文件中强调有效动员社会资本参与科普信息化建设，如《中国科协关于加强科普信息化建设的意见》中强调利用市场机制，建立多元运营模式；《关于科普信息化建设工程项目实施设想的汇报》提出"探索运用 PPP 模式开展项目建设，充分利用社会力量和社会资源开展科普创作和传播，建立政府与社会资本合作、互利共赢、良性互动、持续发展的科普服务产品供给新模式"，"探索建立可持续的科普运营模式，产生潜在的商业价值"，以及"充分运用市场机制，积极争取将科普信息化建设纳入本地公共服务政府采购范畴"等政策条文。同时，中国科协有力地将政府自身所具有的政策资源通过各种形

式向社会资本开放与共享，为社会资本在参与科普信息化项目建设的预期前景中提供了较为全面的政策保障，从而促进社会资本参与科普信息化建设。

在2015年和2016两年中，共有16家单位以PPP模式参与信息化建设，其中2015年20个项目由12家单位承担（表4-9），2016年26个项目也由12家单位承担（表4-10）。这16家单位，有著名国有网络公司，如新华网、光明网、人民网等，著名民营网络公司，如百度、腾讯、天极、果壳等，还有一批致力于科普的传媒机构，如山西科技新闻出版传媒集团有限公司、北京科技报社、北京知力科学文化传播有限公司、中国科学技术出版社等，以及长期围绕科普领域的企业和事业单位，如中国科学院计算机网络信息中心、互动在线（北京）科技有限公司、嘉星一族科技发展（北京）有限公司、北京久其软件股份有限公司等。

表4-9　2015年科普信息化建设专项及承担机构

序号	项目名称	项目承担机构名称
1	科技前沿大师谈	新华网股份有限公司
	科学原理一点通	新华网股份有限公司
	军事科技前沿	新华网股份有限公司
	科技创新里程碑	新华网股份有限公司
	“科普中国”传播之道	新华网股份有限公司
2	科学为你解疑释惑	深圳市腾讯计算机系统有限公司
	科普创客空间	深圳市腾讯计算机系统有限公司
	“科普中国”头条推送	深圳市腾讯计算机系统有限公司
	科普影视厅	深圳市腾讯计算机系统有限公司
	玩转科学	深圳市腾讯计算机系统有限公司
3	科学大观园	北京百度网讯科技有限公司
4	科技让生活更美好	北京果壳互动科技传媒有限公司
5	移动端科普融合创作	中国科学院计算机网络信息中心
6	科技名家风采录	光明网传媒有限公司
7	“科普中国”APP推送	重庆天极网络有限公司
8	健康伴我行系列专题片	嘉星一族科技发展（北京）有限公司
9	公民科学素质模拟测试系统	北京科技报社
10	全国青少年科技创意大赛	互动在线（北京）科技有限公司
11	实用技术助你成才	山西科技新闻出版传媒集团有限责任公司
12	科普信息化建设工程运行管理与绩效评价	北京久其软件股份有限公司

表 4-10 2016 年科普信息化建设专项及承担机构

序号	项目名称	项目承担机构名称
	建设网络科普大超市	
1	科技前沿大师谈	新华网股份有限公司
2	科学原理一点通	新华网股份有限公司
3	科技让生活更美好	人民网股份有限公司
4	科学为你解疑释惑	人民网股份有限公司
5	实用技术助你成才	山西科技新闻出版传媒集团有限责任公司
6	军事科技前沿	光明网传媒有限公司
7	科技名家风采录	新华网股份有限公司
8	科技创新里程碑	新华网股份有限公司
	搭建网络科普互动空间	
1	科普创客空间	深圳市腾讯计算机系统有限公司
2	玩转科学	深圳市腾讯计算机系统有限公司
3	“科普中国”传播之道	新华网股份有限公司
4	科学大观园	北京百度网讯科技有限公司
5	科普影视厅	深圳市腾讯计算机系统有限公司
	开展科普精准推送服务	
1	“科普中国”头条创作与推送	深圳市腾讯计算机系统有限公司
2	“科普中国”重大选题融合创作与传播	中国科学院计算机网络信息中心
3	公民科学素质模拟测试系统	北京科技报社
4	“科普中国”微平台	北京知力科学文化传播有限公司
5	科普百科词条编撰与传播	北京百度网讯科技有限公司
6	“科普中国”V 视快递	中国科学技术出版社
	科普信息化建设运行保障	
1	“科普中国”服务云平台	中国科学技术出版社
2	科普信息化建设运行管理与绩效评价	嘉星一族科技发展（北京）有限公司等 6 家机构
3	科普信息化建设研究与相关应用	
3.1	网民科普搜索需求分析	北京百度网讯科技有限公司
3.2	移动端科普需求分析	深圳市腾讯计算机系统有限公司
4	“科普中国”品牌运营推广	
4.1	典赞 · 2016 中国科学传播活动	北京科技报社
4.2	“科普”中国品牌形象大使宣传活动	人民网股份有限公司
4.3	“科普中国”品牌形象推广	北京塞恩奥尼文化传媒有限公司

（二）社会资本积极参与科普信息化建设

我国政府强有力的行政能力和明确的科普发展宏观规划也是推进社会资本参与科普信息化建设的重要动力。在我国政府行政能力的作用下，以中国科协为主要推动者，科普信息化建设的各项措施有条不紊地推进。政策制定的全面性、政策实施的权威性以及具体措施从上至下的层次性，都体现了我国推进科普信息化建设的决心和能力。与此同时，政府部门在宏观上将提升全民科学素养作为科普信息化建设的最终目的，并将之作为科普信息化建设的基本主线。通过信息化这一大发展潮流，我国将逐步建立市场机制下的科普信息化建设目标，从而将政府对科普信息化建设的市场运作前景和社会资本参与科普信息化建设的前景相结合，以此吸引社会资本参与到科普信息化项目建设中来。

1. 政府部门通过政策资源来吸引社会资本参与

由科委和科协发布科普建设项目申报通知，社会资本提交项目申请，是目前社会资本参与科普信息化建设的形式之一。

这一形式就是政府部门通过政策资源来吸引社会资本参与科普信息化建设。科委或科协以课题项目的运行模式发布项目申报通知，各个企事业单位进行项目申请，科委或科协组织专家评审。项目申请通过之后确定拨款金额，政府与企业一般按照 1∶1 的拨款比例签订项目合同，并在合同中明确项目完成目标与考核情况，同时进行项目评估流程，对不能完成项目合同的企业进行退款以及列入黑名单的惩罚。

视窗

以青少年科学空间建设为主的重庆量子猫教育科技服务平台，主要以网络科普互动平台建设与实体科学场馆、课程和夏令营为主。该企业通过项目申请的形式运用政府政策资源，双方共同出资形成社会资本参与科普信息化建设的常态。通过对企业负责人的访谈可以了解到，社会资本参与申报科普项目，一方面有助于政府部门发现和吸收优秀企业中在科普信息化建设方面的优质资源；另一方面，有助于企业通过项目申请中的拨款来扩大自身科普业务和盈利范围，并在政策资源的支持下吸引相对可观的广告投放量和收入，从而形成社会资本参与科普信息化建设的持续性动力。

2. 政府通过行政能力和宏观规划来吸引社会资本参与

政府通过行政能力和宏观规划来吸引社会资本参与科普信息化建设，也是社会资本参与科普信息化建设的形式之一。

重庆市科技馆正是利用自身丰富的科普资源与较为完善的科普场馆建设，通过与长安汽车股份有限公司联办“工业之光——长安汽车科技专题展”，吸引重庆长安汽车集团参与到科普活动中来。在重庆市政府的领导下，重庆市科技馆进一步推进科技馆的科普展示为全市经济社会发展服务，与长安汽车共同建设了重庆科技馆“工业之光”展厅。展厅主要展示重庆战略性新兴产业发展，展示工业园区的先进技术、先进材料、先进制造、先进工艺，展示重庆的科技成就，展现企业良好的社会形象，宣传重庆以改革开放创新为动力来建设国家重要战略性新兴产业基地的新形象。同时展厅以现代科普手段，让公众了解科技对经济社会发展的重要支撑作用，激发公众热爱科学、崇尚科学的热情。这个展厅把企业科技创新、产业发展和相关知识的普及有机融合，对社会资源与公益事业的高度融合进行了有益探索，对科技馆今后的建设与运营管理和实现馆企共赢具有十分重要的意义。重庆市科技馆主动筹划，长安汽车股份有限公司以战略的眼光和高度的社会责任感积极投入，创造性地开辟了馆企合作的新模式。

视 窗

长安汽车股份有限公司与重庆市科技馆合作建设“工业之光——长安汽车科技专题展”的形式是，科技馆负责展厅基础改造和布展，长安汽车股份有限公司负责展具出资。长安汽车股份有限公司投入3800万元，凭借自身在汽车工业领域的专业优势，运用目前先进的信息化手段，对汽车工业相关的基本物理现象、汽车构造等科技知识进行宣传和普及。依托重庆市科技馆相对较大的参观人流量，长安汽车股份有限公司实现了对自身品牌效应的提升，同时也无形中增加了消费者在选购汽车时的品牌信任度，进而提升了企业效益，形成了双赢局面。长安汽车科技专题展，展出面积近2000平方米，展出内容分历史、科技、体验和未来4个板块。其中，汽车科技展区通过360度全息幻影成像技术，向市民全面展示汽车动力、底盘、车身、电子系统的结构原理及最新汽车设计成果，并设4D影院还原现代造车四大工艺流程；汽车体验展区则设有多种智能虚拟驾驶设施，市民可亲自上场一试身手，体验漂移乐趣。

3. 政府分享权威科普资源和把握信息化趋势，引导社会资本参与

当前我国政府掌握着大量权威性的科普资源，同时也在科普工作中把握着信息化的发展趋势。政府将科普资源分享给社会资本，使社会资本能够利用这些权威性的科普资源进行市场化运作，从而吸引社会资本参与其中，同时通过强调信息化发展趋势，使社会资本能够预见科普信息化的未来前景，引导社会资本参与到科普信息化项目建设中。

政府部门拥有丰富且权威的科普资源，首先是科协从业人员队伍规模不断扩大，科普人员数量明显增长。2015年全国共有科普人员205.38万人，比2014年增加2.06%；每万人拥有科普人员14.94人。其中，科普专职人员22.15万人，比2014年减少13 471人；科普兼职人员183.23万人，比2014年增加55.23万人。专职科普创作人员和专职科普讲解人员在科普专职人员中的构成比例持续增加。专职科普创作人员共有13 337人，比2014年增加408人；专职科普讲解人员共有24 973人，占科普专职人员的11.24%。专职科普创作人员和专职科普讲解人员已经成为科学传播的重要力量。①

其次是科普场馆和科普基础设施不断完善。根据《中国科普统计2016年版》，2015年，全国共有科技馆444个，比2014年增加35个，增长8.56%；科学技术博物馆814个，比2014年增加90个，增长12.43%。科技馆建筑面积合计313.84万平方米，比2014年增长3.16%；展厅面积合计154.20万平方米，比2014年增长11.99%。科技类博物馆建筑面积合计714.86万平方米，比2014年增长38.05%；展厅面积合计269.73万平方米，比2014年增长6.02%。科普

① 中华人民共和国科学技术部. 中国科普统计2016年版[M]. 北京：科学技术文献出版社，2016.

场馆可以通过自身丰富的科普资源与较为完善的科普场馆建设，吸引到社会资本参与。

4. 政府提供相关税收优惠，保障社会资本运作前景

政府为社会资本参与科普信息化建设提供相关的、优厚的、可持续性的税收优惠和公共财政补贴，是社会资本考虑参与科普信息化项目建设的重要前提，也是社会资本衡量项目可持续性的重要依据。

在相关税收优惠政策（表 4-11）方面，2013 年 12 月，财政部、国家税务总局印发了《关于延续宣传文化增值税和营业税优惠政策的通知》（财税〔2013〕87 号），规定“自 2013 年 1 月 1 日起至 2017 年 12 月 31 日，对科普单位的门票收入，以及县（含县级市、区、旗）及县以上党政部门和科协开展的科普活动的门票收入免征营业税。自 2013 年 1 月 1 日至 2013 年 7 月 31 日，对境外单位向境内科普单位转让科普影视作品播映权取得的收入，免征营业税”。

表 4-11　中国科普相关产业税收优惠政策[①]

优惠性质	优惠方式	中国税收优惠政策具体内容
直接税收优惠	减税优惠	①经营性文化事业单位转制为企业后，相应的销售收入免征增值税；②经营性文化事业单位转制为企业，自转制注册之日起免征企业所得税
间接税收优惠	税收抵免	对企事业单位、社会团体和个人等社会力量通过国家批准成立的非营利性的公益组织或国家机关对宣传文化事业的公益性捐赠，在其年度应纳税所得额 10% 以内的部分，在计算应纳税所得额时扣除
	出口退税	出口图书、报纸、期刊、音像制品、电子出版物、电影和电视完成片按规定享受增值税出口退税政策

上述税收优惠政策的延续实施，充分体现了党中央、国务院对我国科普事业发展的高度重视，是贯彻落实《科普法》的有力举措，对推动我国科普事业的发展、加强国家的科普能力和科普基地建设、促进科普活动的广泛开展具有重要意义。

① 魏景斌，桑子轶，郭建全．中美科普相关产业税收政策比较研究 [J]. 改革与开放，2016（1）：49-50.

《中国科协科普发展规划（2016—2020年）》将科普信息化建设专项目标设定为："2015年搭建框架、初见成效，2016年完善提升、效果凸显，2017年体系完善、持续运行，2018年后常态高效运营。"同时还提出，"到2020年，保持专项经费稳定投入，实现15家以上主流门户网站开设科普栏目（频道），开发运行30个以上'科普中国'系列APP和微信订阅号，各频道PC端和移动端年总计浏览量100亿人次以上，其中移动端年浏览量70亿人次以上的指标评价标准"。

要完成这样的目标，市场机制的引入至关重要。有关部门应调动社会力量发展科普产业，以形成公益性科普事业与经营性科普产业并举的体制。随着科学与社会协同发展的关系日益密切，以及科学与公众相互关系的持续调整，传统的科学传播理念不断发展演化并逐渐走向公共科学服务。因此，通过科普产业的发展鼓励和引导社会力量参与公共科学服务，进而推动现代科学服务产业的发展，能够让科学发展更好地普惠社会公众。主要有两种方式：首先是通过政府购买的方式，科普企业和其他社会组织将公共科学服务以产品的形式出售给政府，从而满足社会公众的科学服务需求；其次是通过市场经营的方式，科普企业和其他社会组织直接面向公众发展现代科普产业，政府以各种优惠政策的形式对科普企业进行补贴或奖励。通过以上这两种方式的有机结合，实现公共科学服务事业的可持续发展。

第五章 科普信息化的测度方法与实践探索

厘清科普信息化的概念内涵是对科普信息化进行测度的前提和基础，而开展科普信息化测度是对科普信息化本质特征的省视和回归。对科普信息化发展水平或建设项目进行科学合理的测度，就是要建立度量科普信息化进程的指标体系，用数据来呈现、比较和评价，进一步明确目标，及时发现问题并进行有效的调节，保障科普效果。对于在探索中前行的科普信息化建设，对其测度方法的研究也将不断改进和完善。实践中，从“科普中国”项目出发，甚至从“科普中国”的某个维度出发，我们迈出开展科普信息化测度的第一步，逐步扩展到对科普信息化工程乃至社会整个领域的测度，这有助于我们无限地接近科普信息化发展状况的真实全貌。

第一节 科普信息化测度的目标及内容

对复杂社会现象测度的基本思想就是用“数量”来

表示人们的某种“感觉化”。它们虽然存在量化上的困难，但通过对事物本质进行充分的研究，同样可以达到度量、比较、评价的目标。“测度”与“监测”的意思较接近，侧重对数据信息的测量和收集的技术过程，而弱化了监管或监视所包含的信息透明化的含义，从而超越了项目或工程的领域，具备普遍的适用性。开展科普信息化测度将深化人们对科普信息化概念的认识和理解。从功能角度来看，测度与监测、评估有较强的一致性，测度结果可以反映客观事实，也可用于持续改进工作，助力提升效果或提高效率，促进可持续科学发展。针对正在开展的科普信息化建设，基于宏观、介观和微观的不同测度范畴，测度的目的存在差异，测度的核心内容也有所不同。

视 窗

“监测”原是项目工程用语，是指系统地收集和分析项目的数据信息，其目的在于提高工作效率和项目组织的有效性。监测在荷兰学者安妮·杭德格姆（Annie Hondegehem）划分的四阶段管理（计划、做事、检查、作用）中属于“做事”阶段，主要是监测过程与目标是否相符，适时根据实际情况进行调整。经济合作与发展组织（OECD）认为，监测具有常规的、持续性的功能，它运用特定的指标系统性地收集数据，为管理者和主要利益相关者提供活动进展状况、目标实现程度、所分配的资金使用情况等信息。世界银行认为，监测是活动实施管理者的责任，属于活动内部管理实践[①]。

一、科普信息化测度揭示概念与现象之间的同一性

根据美国学者埃利泽·盖斯勒（Eliezer Geisler）提出的认知过程的“抽象阶梯”模型，对于复杂社会现象的测度起源于概念，沿着逐级向下的抽象阶梯，复杂的社会现象最终被分解成可以用测量值表示的具体指标[②]。如图 5-1 所示，沿着从上至下逐级向下的抽象阶梯，我们最终可以实现对科普信息化概念

① 乔刚，李芬．监测评估：高等教育评估的新理念 [J]. 高校探索，2016,（11）：16-20.

② 万里鹏，郑建明．社会信息化测度逻辑分析 [J]. 情报科学，2006，24（8）：1131-1136.

的测度；反之，实现的是科普信息化概念的抽象。在理论视野中，建构科普信息化测度指标也有利于寻求概念内涵与现象之间的“同一”，有助于深入理解概念和更好地认识、反映现象。

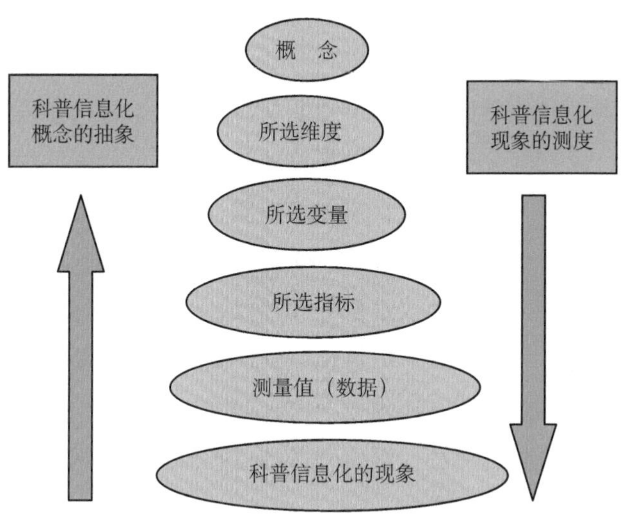

图 5-1　抽象阶梯模型的各级阶梯

视　窗

评估与测度之间密切相关。美国著名教育评估专家斯塔弗尔比姆指出：“评估最重要的目的不是为了证明，而是为了改进。”[①] 斯坦福评估协作组认为，评估是对当时方案中发生的事件以及方案结局的系统考察——一种帮助改进这个方案或其他有同样总目标的方案的考察。评估可以判断目标或计划的实现程度，为价值判断和科学决策提供依据。郑念、张平淡等研究者认为，科普评估是对科普达到的目标及其他科普特定因素进行分析、度量、评价、判断的过程[②]。

科普信息化是由传统科普向科普资源数字化、内容传输网络化、应用服务智能化持续转变的过程。基于第一章中对科普信息化概念的探究和分析，对科普信息化的测度要从抽象的概念一步一步落实到具体的现象指标中。在建立概

① Stufflebeam D L. The CIPP Model for Program Evaluation [J].In Madaus G F，Striven M S，Stffle-beam D L（eds.）.Evaluation Models. Boston，MA：Klu-wer-Nijhoff，1983：117.

② 郑念，张平淡 . 科普项目的管理与评估 [M]. 北京：科学普及出版社，2008：46-47.

念到现象之间的联系时，科普信息化的概念将不断得到省视和回归，科普信息化的核心要素逐渐明确，科普信息化的特征便清晰可见。

二、科普信息化测度保障建设可持续发展

如果把科普信息化建设作为一个短期项目来看待，应用数理原理和调查方法，系统收集、整理和分析科普信息化建设的进展状况、工作绩效，可促进项目建设目标的实现。尤其是在项目实施的中期，及时地对科普信息化的核心要素进行测度，有助于确保项目进展按照既定目标方向发展；倘若偏离，明确存在的问题及影响的因素，提出改进意见和建议，确定调整完善的空间，可保障最终实现项目目标。因此，科普信息化监测评估是项目实施绩效考核的重要参考，是工程进展顺利的保障。作为一个中长期的规划而言，开展科普信息化测度将有助于合理配置科普资源，形成科普的自我调节和良性循环，保障在规划年度范围内可持续地科学发展。

三、不同视角的科普信息化测度内容

从字面上看，科普信息化是与教育信息化、农业信息化等类似的概念。虽然在“信息化”之前加上了定语“科普”，测度范围缩小了，内容也更有指向性和针对性，但是这样一个复杂的对象，测度内容仍然纷繁多样。下面，分别从宏观、介观和微观三个视角来阐述科普信息化测度的核心内容。

首先，从宏观上说，科普信息化的测度可理解为国家或社会的科普信息化发展水平的测度。对国家科普信息化发展水平的测度，目的在于准确评估科普信息化的发展水平，科学指导后续发展方向。这不仅是一个长期发展的过程，而且涉及的社会层面非常多而广。前面在阐述科普信息化的发展历程中提到，虽然正式提出科普信息化名称的时间为 2014 年，而实际具备部分特征的社会实践活动早已出现。而且，科普信息化的发展步伐紧随社会信息化的发展而加快。统观全社会的氛围，科普信息化涉及的社会部门和机构纷繁复杂，政府部门、企事业单位、非营利组织等相关科普信息化行为均要求囊括其中。宏观、

通用、全面是指标选取的原则。权威、系统而全面的数据获取必然是社会化测度面临的严峻考验。能否从已有的社会化统计数据中提取相关指标成为关键。而一些特征更为显著的指标却因为获取完整数据的难度而不得不舍弃。

其次，从介观上说，科普信息化的测度可以理解为对《全民科学素质行动计划纲要实施方案（2016—2020年）》中的科普信息化工程的测度。这是一个五年的规划。整个规划的起始和终止时间非常明确，工程的牵头部门和参与部门都是确定的，任务和措施也比较具体。相对于全社会科普信息化发展水平的测度，操作难度减低了。相应的测度指标有了文件作为依据，并有明确的数据获取渠道。

最后，从微观上说，科普信息化的测度可以理解为对中国科协的科普信息化建设专项甚至是其中某个维度的测度。2015～2017年，中国科协与财政部共同实施了"科普信息化建设"专项。为促进科普信息化资源的落地应用，2017～2019年，中国科协又开展"科普中国·百城千校万村行动"。对项目开展的测度，测度指标将更加具体。测度甚至可以围绕项目的某个维度开展，比如科普信息化专项建设的公众满意度的测评等。

第二节　科普信息化测度的指标体系构建

尽管科普信息化聚焦一个行业的信息化进程，但仍然是一个复杂的社会系统，涉及诸多社会、经济和自然的要素，并且呈现出动态和非线性的特征。因此，科普信息化测度指标体系的构建并非易事。而关于信息社会测度的研究始于1965年，大致与信息化概念的出现在同一时期，已经有几十年的发展历程，可为科普信息化的测度提供借鉴。

一、信息社会测度的启示

信息社会测度（information society measurement）是国际上通用的概念。

以ICT为基础的信息社会测度主流规范在20世纪90年代以后已经建立起来了。2003年信息社会世界首脑会议第一期会议认为，通过国际可比统计指标为建立信息社会制定基准和测量指标十分重要。2005年的第二期会议确认，制定信息和通信技术指标对衡量数字鸿沟很重要，并呼吁各国和国际组织为信息和通信技术统计拨出适当资源，以制定有效的测量方法，分析信息社会的状况并进行定期评估。这一认识在最高层面上代表国际社会对信息化测度重要性的认识①。

视 窗

美国经济学家弗里茨·马克卢普（Fritz Machlup）是最早开展信息测评理论与方法研究的学者，他于1962年设计了一套测评信息产业的指标体系与方法。1977年，马克·波拉特（Marc U. Porat）在其9卷巨著《信息经济：定义和测量》中提出了第四次产业的论点，并在马克卢普开创的有关知识产业的理论基础上提出了测度模型，并把它称之为信息经济法或波拉特法。波拉特法从经济学角度对信息产业运行机制进行研究，考察信息经济在国民生产总值（GNP）中所占的比例。波拉特法与日本学者小松崎清提出的“信息化指数法”（RITE法）是信息测度的两大经典方法②。

（一）指标设置：信息资源和信息主体水平是核心

1965年，日本电讯与经济研究所（RITE）经济学家小松崎清首次提出“信息化指数法”（又称为RITE法），从衡量社会经济中的信息流量和信息能力等来反映信息化程度。该模型中的社会信息化指数是通过把4个因素（信息量、信息装备率、通信主体水平、信息系数）分解为11个分指标加以反映（表5-1）。其中的信息量涉及函件数、报纸发行数、书籍销售点数等，体现出信息资源的显著时代特征。而通信主体水平的测度标准，包含了一个与教育相关的指标——“每百人在校大学生数”。后续研究者提出，随着信息化的发展，

---

① 任剑婷，李瑜婷．对我国信息化测度的建议[J]．图书情报工作，2011，（8）：25-29.
② 郑建明，王育红．信息测度方法模型分析[J]．情报学报，2010，19（6）：546-552.

教育指标的涵盖范围应该作出调整，学校教育、家庭教育与职业教育都应纳入测度指标体系中[①]。

表 5-1 RITE 法的社会信息化指数指标

因 素	分指标
信息量	人均年使用函件数
	人均年通话次数
	每百人每天报纸发行数
	每平方千米人口密度
	每万人书籍销售点数
信息装备率	每百人电话机数
	每百人电视机数
	每万人电子计算机数
通信主体水平	第三产业就业人口比
	每百人在校大学生数
信息系数	个人消费支出中除去衣食住以外的杂费所占的比率

我国 2001 年公布的《国家信息化指标构成方案》是历经 8 年的研究成果，它从“基础设施、产业技术、应用消费、知识支撑、发展效果”5 个方面测量国家信息化的总体水平，共设计了 20 项信息化水平测度指标，其中包括网络资源数据库总容量、信息指数（指个人消费中除去衣食住外信息消费的水平）等重要指标[②]。此时的信息量主要表现为广播电视、电话、互联网的应用水平和程度，初步展现了三网鼎立的轮廓。另外，信息主体以及信息系数等指标明显源自对前人经验的借鉴。

国际电信联盟（ITU）从 2003 年开始对全球信息社会发展水平进行衡量，最初提出的是数字接入指数（DAI）。2005 年国际电信联盟与联合国教育、科学及文化组织合作，合并数字鸿沟指数（DDIX），推出了信息化机遇指数（ICT opportunity index，ICT-OI）和数字机遇指数（digital opportunity index，DOI）。2007 年为响应统一测评指标的呼吁，把上述两个指数合并为 ICT 发展

① 张少锋，郑建民 . 社会信息化测度体系中的教育相关指标 [J]. 图书馆杂志，2006，(7)：10-13.
② 关于印发《国家信息化指标构成方案》的通知 [EB/OL]. [2017-04-20]. http://www.cnii.com.cn/20021111/ca103215.htm.

指数（IDI）[①]。IDI指标体系包括3个一级指标（ICT接入、ICT应用、ICT技能）和11个二级指标，指标都来源于统计数据。主要指标包括每百居民固定电话数和移动电话用户数、每个用户国际互联网带宽、拥有计算机的家庭比例、接入互联网的家庭比例、互联网用户数、固定宽带用户数、移动宽带用户数、成人识字率、中等教育和高等教育毛入学率等。从IDI测度指标可以看出，ICT被认为是塑造信息社会的关键和核心，充分体现了信息技术对社会信息化进程的整体影响，但是以此来“替代”对社会信息化的测度具有局限性。

视 窗

国际电信联盟连续测算信息通信技术发展指数，并发布《衡量全球信息社会发展水平报告》，比较了155个经济体的信息化发展状况。为简化指标值的标准化，每个指标都设置有上下极限值。依据极限值，实测值被转化为0～1之间的标准化值，标准化值再乘以权重，最后结果乘以10。因此，IDI指标最高为10，最低为0。在21世纪前10年，我国在IDI指数中的排名呈现“先上升、后下滑”的变化趋势，排名从2002年的第90名上升为2007年的第73名，之后下滑到2010年的第80名。2012年我国位列78名。移动宽带渗透率低被认为是影响我国排名的关键因素。

南京大学信息管理系郑建民等综合国内外多个机构和多位学者观点，认为社会信息化测度指标体系应该包括五个内容：信息资源、信息设施、信息主体素质、信息产业以及电子政务信息[②]。其中，信息资源是信息基础结构运载的实质内容，其开发和利用是信息化的核心任务；信息设施是其他要素发挥作用的必要前提；信息主体的素质包括知识创新素质和信息应用素质两个方面的内容；信息产业包括信息设备制造业、信息服务业及信息内容业；电子政务信息包括信息政策等。

教育信息化测度的研究成果为设置科普信息化指标体系提供了可借鉴的思维“向度”。美国、韩国、新加坡等教育信息化强国在其国家教育信息化政策

① 周宏仁．中国信息化形势分析与预测（2014）[M]. 北京：社会科学文献出版社，2014：369-393.

② 郑建明．信息化指标构建理论及测度分析研究[M]. 北京：中国社会科学出版社，2011：116-214.

中，均明确提出了有关教育信息化评估的内容。比如，美国在《国家教育技术计划》（National Education Technology Plan，NETP）中重点讲解的5个领域就包括“评估”，且针对学生、教师、管理者、教练、计算机科学教育者等不同评价对象制定《国家教育技术标准》，并得到世界范围内的广泛认可和采纳[①]。华中师范大学吴砥等综合了国际权威机构教育ICT指标及国内自2000年以来教育信息化评价指标体系的研究成果，提出教育信息化核心指标体系，包括教育信息基础设施、数字教育资源、教与学应用、管理信息化、保障机制等五个维度，共23项指标[②]。

综上所述，“信息资源”是“信息化”相关测度指标体系中的核心内容之一，也是信息化建设成果最明显的表现。与“信息主体”相关的指标，包括信息主体对信息资源的使用及其素养等也是多个测度指标体系的重点。在科普信息化的测度指标体系中，应有其一席之地。

（二）数据分析方法：指数法是主流

指数是一种对比性的分析指标，可以反映分析对象在不同时间或不同空间中的数量对比关系。指数法既可以从时间序列角度研究发展趋势，也可以从横向空间角度上考察不同国家或地区信息化发展的程度差别。

源于日本的“RITE法”，其指标体系的指标是不同质的要素，因而无法直接计算。把这些指标与某一基准年相比，研究人员将各种数值转换成指数后，才能求得最终信息化指数。具体的测算方法是，先将基准年各项指标的指数值定为100，然后分别测算某年度的同类指标值的指数，再采用一步算术平均法或分步算术平均法求得信息化指数。其中前者是直接将末级指标的指数相加之和除以项数，后者是先计算出二级指数值再求最终的信息化指数。两种算法的权重基础不同，其结果也不一样；但由于信息化指数值只具有相对意义，所以这并不影响人们运用该模型来测算一个国家或地区的信息化的纵向历史进程，以及横向考察不同国家或地区之间的信息化程度的差异。

---

① 张晨婧仔，王瑛，汪晓东，等.国内外教育信息化评价的政策比较、发展趋势与启示[J].远程教育杂志，2015（4）：22-33.

② 吴砥，尉小荣，卢春，等.教育信息化发展指标体系研究[J].开放教育研究，2014，20（1）：92-99.

与“RITE法”较为接近的方法是信息化综合评价法，该方法实质上也是一种指数法。国际电信联盟指数采用的就是这种方法。其基本步骤是，第一步，建立信息化水平评价指标体系，要求指标间相关性要尽可能低；第二步，对指标数据进行无量纲化处理，通常运用标准值法或极值方法进行处理；第三步，确定信息化体系构成要素及各具体指标的权重系数；第四步，运用线性加权和法计算信息化综合得分值。这种方法的主要优点为，适用性比较强，方法操作过程比较简便，使用也比较灵活；对测算数据要求相对较低；便于进行对不同地区的比较。这种方法同样存在信息化综合指数法所具有的一些弱点，如指标体系选择受现有统计数据可得性的制约和评价权重的确定带有主观性等。

可见，关于信息化测度的数据分析方法中，指数法是主流。科普信息化测度方法的选择，同样要考虑方法原理的科学性以及实践中的可操作性。而且，科普信息化测度在国内的研究还在起步阶段，国外也尚未有与之相对应的工作，这项工作具有开创性。因此，这项工作在科学性、可操作性、国际对比性上面临的形势和挑战更加严峻。

视 窗

对信息化指标数据的“极值法”无量纲处理方法有两种：

$$Y_i = \frac{X_i - X_{min}}{X_{max} - X_{min}} \tag{1}$$

$$Y_i = \frac{\log X_i - \log X_{min}}{\log X_{max} - \log X_{min}} \tag{2}$$

公式（1）适用于数据变化范围较小的指标；公式（2）适用于数据变化范围较大的情况，而且最大值和最小值的比值一般超过100。有研究者指出，在同一次评价中，对不同指标的处理采用不同的无量纲处理方法，这对最终评价结果的影响不可避免[①]。

① 王忠辉，朱孔来. 国家和地区信息化水平测度方法评述[J]. 山东工商学院学报，2006，20（4）：24-28，48.

二、科普信息化的测度框架及指标

测度要体现概念的整体性，充分考虑同一层次指标之间的内在逻辑关联，确保每组指标能够对上位概念进行完整描述，因此指标体系的横向结构十分复杂。科普信息化发展水平测度指标体系的设计一般遵从宏观通用性、可采集易统计、科学动态性等原则。

在前期研究中[①]，我们依据科普信息化的三个内涵维度，初步构建了科普信息化发展水平测度的指标体系（表 5-2）。测度的目标层是科普信息化的发展水平，包括三个方面的标准层，即科普信息化内涵的 3 个维度，贯穿“驱动力-状态-响应”的逻辑架构。每个维度包括 2～3 个指标构成的指标层。科普信息化指标基于当前对其概念内涵的理解，聚焦核心组成部分。譬如，“信息资源”本义上不仅包括网络资源，也包括电视、广播渠道传播的数字资源，但在测度指标中，资源容量具体关注“在线可获的核心科普资源容量”。

表 5-2　科普信息化发展水平测度指标体系（前期）

目标层	标准层	指标层	指标意义
科普信息化发展水平	理念技术	与科普信息化相关的政策意见文件和研究论文数量	反映科普信息化建设的导向、目标和标准
		运用到科普中的现代信息技术类型和数量	反映信息技术与科普结合的程度
	生产传播	在线可获的核心科普资源容量	反映社会向公众提供的在线科普资源的总量
		参与科普信息化建设的法人机构数量	反映社会共同参与科普信息化建设的程度
		提供科普公共服务的媒体频道（含自媒体）数量	反映科普信息化的传播渠道状况
	运用效应	网络核心科普资源的公众点击率和观看完整程度	反映公众对网络科普资源的利用程度
		通过互联网获取科普资源的公众比例	反映社会公众信息素养的状况
		与科学素养相关的智能化产品的消费结构	反映公众智慧生活方式的实现状况

① 胡俊平，钟琦，罗晖．科普信息化的内涵、影响及测度 [J]. 科普研究，2015，10（1）：10-16.

前期研究明显存在一些不足。比如“网络核心科普资源的公众点击率和观看完整程度”指标立足微观，虽然其指向性明确，却并不适合于基于社会层面的科普信息化发展水平测度。后续研究中，我们根据第一章中对科普信息化概念所取得的共识，把科普信息化发展水平测度的构造逻辑转向依据科普资源的数字化、内容传播网络化、应用服务智能化三方面进行构建。各维度下的分项指标如表 5-3 所示。

表 5-3 科普信息化发展水平测度指标体系（修订）

目标层	标准层	指标层	指标意义	数据来源
科普信息化发展水平	科普资源数字化	科学认证、线上共享的数字化科普内容资源总容量	反映科普信息化内容资源数据库的丰富程度	“科普中国”等权威科普品牌的资源统计
		采用视频及交互式数字技术的科普资源数量	反映科普内容资源与现代信息技术的融合性	“科普中国”等权威科普品牌的资源统计
		参与数字科普资源生产的企事业单位数	反映数字科普资源的共建共享机制的成熟度	须统计
	内容传播网络化	通过互联网获取科普资源的公众比例	反映互联网科普的公众抵达率	中国公民科学素质调查数据
		参与科普内容传播的主流媒体数量	反映科普信息化的大众媒体传播渠道状况	须统计
		与科普资源对接的社会公共电子终端数量	反映运用社会公共设施参与科普内容传播的状况	须统计
	应用服务智能化	网络科普资源的公众浏览量	反映公众对网络科普资源的利用程度	各权威科普品牌的数据统计
		具备科学素质的中国公民比例	反映社会公众的科学素养状况	中国公民科学素质调查数据
		智能化产品、知识付费产品的消费比率	反映公众智慧生活方式的实现状况	须统计

修订后的指标体系更注重指标体现概念特征的典型代表性，以及数据的可获取性，合理利用已有的权威数据统计指标。比如，具备科学素质的中国公民比例，这是由国家统计局审批的中国公民科学素质调查所得到的权威数据。各项测度指标依然随着实践中科普信息化概念及其特征的深化理解而动态发展，具备研究参考意义。用这套指标体系去测试社会的科普信息化发展水平，其度量实践还有待组织开展，也有待在实践中进一步完善指标体系。

第三节　科普信息化测度微观案例分析

上两节的分析反映了测度研究的复杂性。宏观测度的难度超过微观测度，但“千里之行，始于足下”，从项目入手是开展测度的较好起点。中国科协与财政部共同实施“科普信息化建设”专项以来，以“科普中国”为品牌的数字化科普资源不断累积，通过PC端、移动端阅览“科普中国”内容资源的公众数量逐渐增多。然而，与“让科技知识在网络和生活中流行”的愿景相比，还有相当大的差距，许多优质的科普资源并未被公众充分运用，“科普中国”品牌的社会知晓度还有待提高，科学传播的效果还有待印证。为提升科普资源的有效利用，中国科协拟用3年时间实施“科普中国·百城千校万村行动”，即在数百个城市、数千所学校和数万个乡村，实现“科普中国”落地应用。行动发起之初，中国科协成立了“科普中国·百城千校万村行动”考核评价小组，通过对项目的测度考核，确保行动顺利推进。

一、“科普中国”公众满意度测评研究

（一）“科普中国”公众满意度测评的理论及方法

“科普信息化建设”专项向公众提供“科普中国”品牌的内容作品属于科普公共文化服务的范畴。我们常说：公众说好，才是真的好。这里的“好”就涉及满意度评价的结果。因此，公众的满意度状况是“科普信息化建设”专项绩效评估的一个重要方面。

满意度是一个经济心理学概念。关于满意度的测度，密歇根大学商学院国家质量研究中心、美国质量协会于1994年提出了著名的美国顾客满意度指数（ASCI）模型[①]，模型包括六个因素：顾客期望、感知质量、感知价值、顾客满意度、顾客抱怨以及顾客忠诚。其中，顾客满意度是目标变量，顾客期望、感

① 美国顾客满意度指数（ASCI）模型 [EB/OL].[2017-06-30]. http://wiki.mbalib.com/wiki/%E7%BE%8E%E5%9B%BD%E9%A1%BE%E5%AE%A2%E6%BB%A1%E6%84%8F%E5%BA%A6%E6%8C%87%E6%95%B0%E6%A8%A1%E5%9E%8B.

知质量、感知价值是前提变量，顾客抱怨、顾客忠诚是结果变量。借鉴这个模型，公众期望、公众感知质量、公众感知价值是开展满意度测评的维度。

“科普中国”栏目数量多、类型差异性大，这给公众满意度测评增加了难度。“科普信息化建设”专项实施以来，“科普中国”主导先后建立科技前沿大师谈、科学原理一点通、科技让生活更美好、科学为你解疑释惑、实用技术助你成才、军事科技前沿、科技名家风采录、科技创新里程碑 8 个网络科普大超市栏目，科普创客空间、玩转科学、科学大观园、科普影视厅 6 个网络科普互动空间栏目，科普百科词条编撰与传播、“科普中国”V 视快递、“科普中国”头条推送、科普重大选题融合创作与传播、“科普中国”APP 推送、科学“答”人 6 个科普精准推送服务应用。根据公众需求和工作安排，2017 年“科普信息化建设”专项计划保持整体框架不变，以落地应用为核心，优化和完善项目设置，增设了科普文创、乐享健康、智慧女性、科创探梦等 4 个子项目。

理想状况下，公众对“科普中国”的评价应是所有栏目留给受访者的总体印象，公众须对所有栏目内容都比较熟悉，才能作出客观的评价。但实际上，由于栏目数量众多，公众对“科普中国”形成的印象来源于其中的某些或某个栏目，甚至是其中的某篇科普文章或视频，因此公众评价的片面性难以避免。

实施网上问卷调查时，公众使用 PC 机或移动设备从不同栏目的网络平台进入调查问卷页面，符合要求的填写问卷分栏目进行数据回收和统计，最终结果为公众对“科普中国”内容的总体满意度评价。分栏目收集的数据统计结果，一定程度反映了各栏目的公众满意度状况，对各栏目的质量建设具有一定参考意义。根据最小样本量的计算公式，选取的置信度为 95%、允许误差为 5%，每个栏目渠道回收的有效样本数应为 385 个以上。

（二）“科普中国”公众满意度测评指标体系

“科普中国”不同类型的栏目，其设置目的大相径庭。比如，科普大超市的 8 个栏目主要是为公众提供自主选择的科普内容产品，故测度中应着重围绕公众感知到的科普栏目的内容质量，包括科学性、趣味性、有用性、时效性等。科普创客空间、玩转科学等 6 个栏目主要强调与公众的交流互动功能，故测度重点是公众感知到的科普媒介的吸引力，包括入口（访问）的便捷性、界面的交互体验、多媒体（文字 / 音视频 / 游戏等）运用的舒适度等。而科普头条推送等栏目主要立足精准推送服务，故测度重点围绕互联网传播行为，包括定向搜索和标签分类的适用性、首页推荐及个性化推送的准确性、社交传播（评论、转发等）的易用性等。值得注意的是，这些不同类型的栏目集中于"科普中国"品牌的统一体中，因此科普信息化的特点具有一致性，因而对它们的测评适宜采用统一的测评指标体系。

基于以上的分析和理解，结合学术研究和实践操作的双向需求，"科普中国"公众满意度测评指标体系的框架如表 5-4 所示。测度框架包括两个部分：一是满意度测量指标，用于量化计算公众满意度的具体数值；二是满意度关联指标，用于分析和理解公众满意度测量结果。表格中的权重采用德尔菲法（Delphi），由来自科研机构、高校、新闻机构等熟悉科普信息化建设工程的专家依据对各指标重要性的评价进行计分，再把分数取平均数而得。

表 5-4 "科普中国"公众满意度测评指标体系

<table>
<tr><th colspan="2">模块</th><th>指标</th><th>权重 /%</th><th>说明</th></tr>
<tr><td rowspan="9">满意度
测量指标</td><td rowspan="5">内容
（58%）</td><td>科学性</td><td>18</td><td>对科普内容的科学性的满意度</td></tr>
<tr><td>趣味性</td><td>11</td><td>对科普内容的趣味性的满意度</td></tr>
<tr><td>时效性</td><td>11</td><td>对科普内容跟随热点的满意度</td></tr>
<tr><td>有用性</td><td>12</td><td>对科普内容的有用性的满意度</td></tr>
<tr><td>丰富性</td><td>6</td><td>对科普内容的丰富性的满意度</td></tr>
<tr><td rowspan="4">媒介
（42%）</td><td>便捷性</td><td>8</td><td>对访问科普内容的便捷程度的满意度</td></tr>
<tr><td>可读性</td><td>10</td><td>对科普图文 / 视频设计制作水平的满意度</td></tr>
<tr><td>准确性</td><td>12</td><td>对搜索、分类、推送准确性的满意度</td></tr>
<tr><td>易用性</td><td>12</td><td>对界面交互的易用性的满意度</td></tr>
<tr><td rowspan="7">满意度
关联指标</td><td rowspan="5">效果</td><td>关注</td><td>20</td><td>增强对于科学的关注</td></tr>
<tr><td>理解</td><td>20</td><td>加深对于科学的理解</td></tr>
<tr><td>观点</td><td>20</td><td>形成对于科学的观点</td></tr>
<tr><td>兴趣</td><td>20</td><td>提升参与科学的兴趣</td></tr>
<tr><td>乐趣</td><td>20</td><td>提升参与科学的乐趣</td></tr>
<tr><td rowspan="2">信任</td><td>认知信任</td><td>50</td><td>在科学认知中表现出信任</td></tr>
<tr><td>情感信任</td><td>50</td><td>在社交型科学传播中表现出信任</td></tr>
</table>

说明：满意度测量指标用于满意度评测，分为"内容"与"媒介"两个模块，共 9 项指标；满意度关联指标用于满意度分析，分为"效果"和"信任"两个模块，共 7 个指标

视窗

“科普中国”公众满意度调查问卷（样本）

您的性别？　男 / 女

您的年龄？　12 岁以下 /12～18 岁 /19～25 岁 /26～35 岁 /36～50 岁 / 50 岁以上

您的学历？　小学 / 初中 / 高中 / 大专 / 本科 / 研究生

您的职业？　行政管理；教育 / 研究；专业技术；商业 / 服务业；农林牧渔水利；生产运输；学生

（注：下面☆的数量代表评价或认可程度的高低，公众根据整体感受选择）

1. 您对我们的满意度总体评价	☆☆☆☆☆
2. 图文、视频、游戏等内容的科学性	☆☆☆☆☆
3. 内容的趣味性	☆☆☆☆☆
4. 内容的丰富程度	☆☆☆☆☆
5. 内容对您有用	☆☆☆☆☆
6. 内容与社会热点结合	☆☆☆☆☆
7. 网站、频道、链接的便捷性	☆☆☆☆☆
8. 图文、视频、游戏的设计制作水平	☆☆☆☆☆
9. 界面和操作的易用性	☆☆☆☆☆
10. 分类搜索或优先推荐的准确性	☆☆☆☆☆
11. 浏览我们的内容后，您的收获是？	
获取优质科学信息。	☆☆☆☆☆
体会到了科学的乐趣。	☆☆☆☆☆
对科学问题产生了兴趣。	☆☆☆☆☆
对科学问题有了更深的理解。	☆☆☆☆☆
对科学问题形成了自己的看法。	☆☆☆☆☆
12. 网络上科学信息的来源很多，您对我们的态度是？	
我相信这里的内容都是真实可靠的。	☆☆☆☆☆
我会把这里的内容推荐给我的家人。	☆☆☆☆☆

说明：题目 1 用于测量公众对“科普中国”的总体满意度（参考值），题目 2～10 用于在不同维度上测量公众对“科普中国”建设的满意度。题目 2～10 得分经加权后得到公众对“科普中国”的评测值。题目 11 用于测量“科普中国”对公众的科普效果，题目 12 用于测量公众对“科普中国”的信任度。

以上公众满意度测评指标体系及调查问卷（样本）均属研究阶段的相关成果。在实测中，问卷设计风格应符合互联网风格，并建议采用激励公众参与的机制和措施等。

二、“科普中国·百城千校万村行动”测评研究

围绕增强“科普中国”品牌的影响力，促进科普信息在社区、校园、乡村的落地应用，中国科协启动了“科普中国·百城千校万村行动”，以切实打通科普工作的“最后一公里”，助推公民科学素质的有效提升。2017 年 4 月，中国科协发布《关于开展科普中国·百城千校万村行动的意见》（简称《百千万行动意见》），要求创新科普传播方式，拓宽科普传播渠道，并具体提出了以下五种落地应用模式：积极推进主流媒体建立“科普中国”频道（栏目），着力建设“科普中国”移动端传播体系，进一步加强科普中国 e 站建设，发挥传统科普设施传播“科普中国”的作用，加强“科普中国”优质资源的线下应用。此外，中国科协还鼓励各地结合实际探索、创新各类落地模式。《百千万行动意见》为“科普中国”的落地应用模式指明了方向，但是具体的落实措施、表现形式、包含要素、传播效果等有待在实践中探索。中国科普研究所组织相关研究人员承担了总结“科普中国”的落地应用模式，为“百千万行动”提供理论和决策依据，并制定了落地效果评价体系和考核标准等相关研究课题。

“科普中国·百城千校万村行动”的工作目标分为两步。2017 年，率先在全国省会城市、副省级以上城市和有条件的城市实施“科普中国·百城千校万村行动”；2018～2019 年，在全国所有县级及以上行政区域实施“科普中国·百城千校万村行动”。据此，对“科普中国·百城千校万村行动”的测评在不同年度也应有所差别。实施之初，考核的目标定位为广泛发动；而最终的考核评估在于落地应用的措施力度及实现的科普效果。下面，我们将立足最终的考核目标，研究测评的维度、工作参数及测评指标的细则。

（一）“科普中国·百城千校万村行动”测评维度及工作参数

“科普中国·百城千校万村行动”的测评目的非常明确，即促进“科普中

国”的内容资源在社区、校园和农村的落地应用。落地应用必然表现为相应的形式，包含相关要素，故完整性是重要的测评维度。“科普中国”的应用服务对象是广大公众。主流传播学研究一直把传播效果作为研究的热点，而传播效果主要体现在受众的心理、态度及行为的变化。严格说来，对于科普效果的评测需要对公众开展认知调查才能获取，故公众满意度是测评的另一个维度。提升“科普中国”品牌在社会中的影响力及其内容资源的使用率也是该项行动的目标之一。最后，科普工作的健康可持续发展也是关注的焦点。因此，对“科普中国·百城千校万村行动”的测评，均从各类落地应用模式的完整度、满意度、影响力和可持续性 4 个维度开展。各维度包含的内容如下。①完整度：科普资源和服务的完善程度，包括空间、标识、设施、人员、接口、服务等。②满意度：用户意见反馈（针对内容、功能、体验感等）。③影响力：本地、网络空间中的影响力，包括使用率、参与度、传播量、相关度（“科普中国”品牌及资源的利用程度）。④可持续性：模式的运营机制和保障，包括资金、机制、策略等。

结合各种落地应用模式，我们从 4 个维度分别解构，列出各个维度包含的工作参数。测评时，可结合实际情况，对各维度工作参数进行删减，选择有显示度、真实可靠数据的工作参数作为测评指标。

（1）科普中国 e 站（基层阵地）。①完整度：场地 | 标识 | 屏、网、端 | 科普信息员、专家 | 接口 | 服务、活动；②满意度：用户意见反馈；③影响力：场地数量、面积 | 信息覆盖率、到达率 | 新闻报道量 | “科普中国”内容数量及占比；④可持续性：资金来源、数量、结构 | 共建方、管理方、运营方 | 兼容业务 | IP 策略、本地策略、会员策略、跨屏策略 | 退出机制。

（2）移动传播方阵（网络阵地）。①完整度：标识 | 自媒体号、交流社群 | 编辑团队、科普信息员、专家 | 接口 | 服务、活动；②满意度：用户意见反馈；③影响力：用户数 | 推送量、阅览量 | 评论数、点赞数 | 公众号影响力指数 | 科普中国内容的数量及占比；④可持续性：资金来源、数量、结构 | 管理方、运营方 | 兼容业务 | IP 策略、会员策略、推送策略、UGC 策略、跨平台策略、O2O 策略。

（3）广播电视频道（媒体平台）。①完整度：标识 | 编辑团队、专家 | 接口

| 服务、活动；②满意度：用户意见反馈；③影响力：覆盖率 | 收视率、收听率 | 科普中国内容的数量及占比；④可持续性：资金来源、数量、结构 | 平台方、监管方、运营方 | 兼容业务 | IP 策略、宣传策略、跨屏策略。

（4）传统科普设施（设施平台）。①完整度：标识 | 设施 | 资源 | 服务、活动；②满意度：用户意见反馈；③影响力：覆盖率、到达率、更新率 | 发行量 / 印刷量、播放量、传播量 | 科普中国内容的数量及占比；④可持续性：资金来源、数量、结构 | 监管方、运营方 | 兼容业务 | IP 策略、本地策略、跨屏策略。

（5）线下科普活动（活动平台）。①完整度：场所 | 标识 | 科普信息员、专家 | 服务、活动；②满意度：用户意见反馈；③影响力：活动数 | 覆盖率、到达率 | 报道量 | 利用科普中国资源开展活动的数量及占比；④可持续性：周期资金来源、数量、结构 | 管理方、运营方 | 兼容业务 | IP 策略、O2O 策略。

（6）X 特色模式。视各地具体情况而定。

（二）"科普中国·百城千校万村行动"测评指标体系研究

"科普中国·百城千校万村行动"的目标就是"科普中国"信息内容在数百个城市、数千所学校、数万个村庄落地应用。基于评估的视角，测评指标体系分社区、学校、农村三类进行细化。研究制定的评估细则基本包含了上述各个模式的 4 个维度，各评估指标可作为基层单位开展建设工作的要点参考。值得一提的是，实测工作中，将结合数据回收的方式方法以及不同阶段考核工作的重心来确定评估指标，而并非对各列表细则中涉及的所有指标进行评测。

1."科普中国·百城千校万村行动"城市社区评估细则

社区评估指标体系细则共 33 项指标，其中社区 e 站 12 项指标、社区移动体系 8 项指标、社区媒体传播 7 项指标、社区传统设施 5 项指标以及社区创新模式 1 项指标（表 5-5）。值得注意的是，媒体传播模式的前 6 项指标适用于城市总体评估，而面向社区仅开展居民满意度调查。

表 5-5 “科普中国·百城千校万村行动”城市社区评估指标

模式	评估指标	指标说明	备注
社区e站	网络环境	连接“科普中国”资源的互联网络条件（包括有线网络和 Wi-Fi）	有/没有（连接是否顺畅）
	场地建设	使用“科普中国”资源开展科普活动的固定场所	有/没有
	终端配置	配置展示“科普中国”资源的终端设施	有/没有（布点是否合理）
	活动开展	依托“科普中国”资源定期开展线上和线下科普活动	有/没有（提供案例）
	科普信息员	已注册的 e 站科普信息员	有/没有（工作总结）
	标识推广	e 站醒目位置展示推广“科普中国”标识及二维码	有/没有
	兼容服务	开展城市社区生活咨询等与科技相关服务	有/没有（提供案例）
	专家参与	医疗健康、低碳环保等领域专家定期参与 e 站的科普讲座培训活动	有/没有
	用户数量	e 站注册会员数	规定时间内统计
	活动频次	e 站开展科普活动场次	规定时间内统计
	终端使用率	终端设施开机率	终端开机时间统计（后台总控）
	居民满意度	用户对 e 站的满意度	会员抽样调查
社区移动体系	自媒体转载	社区官方（含 e 站）微信、微博等自媒体平台转载“科普中国”内容	有/没有
	自媒体转载频次	社区官方（含 e 站）微信、微博等自媒体平台转载“科普中国”内容的频次	规定时间内统计
	自媒体关注人数	社区官方（含 e 站）微信、微博等自媒体账号关注人数	规定时间内统计
	社群转发	社区社交群（QQ 群、微信群）转发“科普中国”内容	有/没有
	社群转发频次	社区社交群（QQ 群、微信群）转发“科普中国”内容的频次	规定时间内统计
	社群用户人数	社区（包括 e 站）的 QQ、微信群用户总数	规定时间内统计
	“科普中国”APP 推广	社区各类媒体终端和自媒体平台以及公共场所和活动场合推广“科普中国”APP	有/没有
	居民满意度	社区居民对移动端“科普中国”内容的满意度	居民抽样调查

续表

模式	评估指标	指标说明	备注
社区媒体传播	广播栏目设置*	城市广播设立“科普中国”专题节目，传播“科普中国”内容	有/没有（适用城区总体）
	广播栏目频次*	城市广播播放“科普中国”内容的频次	规定时间内统计（适用城区总体）
	电视栏目设置*	城市电视设立“科普中国”专题节目，传播“科普中国”内容	有/没有（适用城区总体）
	电视栏目频次*	城市电视播放“科普中国”专题节目的频次	规定时间内统计（适用城区总体）
	报纸栏目设置*	城市报纸设立“科普中国”专题栏目，传播“科普中国”内容	有/没有（适用城区总体）
	报纸栏目频次*	城市报纸刊登“科普中国”专题栏目内容的频次	规定时间内统计（适用城区总体）
	居民满意度	社区居民对上述媒体平台传播的“科普中国”内容的满意度	居民抽样调查
社区传统设施	宣传栏传播	社区宣传栏结合居民需求传播“科普中国”的内容	有/没有（更新频次）
	青少年活动室运用	社区青少年活动室运用“科普中国”内容组织青少年科普活动	有/没有（提供案例）
	社区科普大学运用	社区科普大学运用“科普中国”内容开展教学活动	有/没有（提供案例）
	“科普中国”书架及图书	社区图书室设有“科普中国”书架并摆放“科普中国”图书	有/没有（书架和图书数量）
	居民满意度	居民对上述传统设施传播“科普中国”内容的满意度	居民抽样调查
社区创新模式	创新落地模式	社区结合本地特色和工作基础，发挥主观能动性，合理有效运用“科普中国”内容资源的方式	有/没有（提供案例）

* 媒体传播（城市社区）的前6项指标适用于城区总体评估，针对社区仅做居民满意度调查

2.“科普中国·百城千校万村行动”校园评估细则

校园评估指标体系细则共31项指标，其中校园e站12项指标、校园移动体系8项指标、校园媒体传播6项指标、校园传统设施4项指标以及校园创新模式1项指标（表5-6）。

表 5-6 “科普中国 · 百城千校万村行动”校园评估指标

模式	评估指标	指标说明	备注
校园e站	网络环境	连接“科普中国”资源的互联网络条件（包括有线网络和 Wi-Fi）	有 / 没有（连接是否顺畅）
	场地建设	使用“科普中国”资源开展科普活动的固定场所	有 / 没有
	终端配置	配置展示“科普中国”资源的终端设施	有 / 没有（布点是否合理）
	活动开展	依托“科普中国”资源定期开展线上和线下科普活动	有 / 没有
	科普信息员	已注册的 e 站科普信息员	有 / 没有（工作总结）
	标识推广	e 站醒目位置展示推广“科普中国”标识及二维码	有 / 没有
	兼容服务	开展校园学习、生活咨询等服务	有 / 没有（提供案例）
	专家参与	科学教育、青少年健康等领域专家定期参与指导 e 站的科普活动	有 / 没有
	用户数量	e 站注册会员数	规定时间内统计
	活动频次	e 站开展科普活动场次	规定时间内统计
	终端使用率	终端设施开机率	终端开机时间统计（后台总控）
	用户满意度	师生用户对 e 站的满意度	师生会员抽样调查
校园移动体系	自媒体转载	学校官方（含 e 站）微信、微博等自媒体平台转载“科普中国”内容	有 / 没有
	自媒体转载频次	学校官方（含 e 站）微信、微博等自媒体平台转载“科普中国”内容的频次	规定时间内统计
	自媒体关注人数	学校官方（含 e 站）微信、微博等自媒体账号关注人数	规定时间内统计
	社群转发	学校社交群（QQ 群、微信群）转发“科普中国”内容	有 / 没有
	社群转发频次	学校社交群（QQ 群、微信群）转发“科普中国”内容的频次	规定时间内统计
	社群用户人数	学校（包括 e 站）的 QQ、微信群用户总数	规定时间内统计
	“科普中国”APP 推广	学校各类媒体终端和自媒体平台以及活动场合推广“科普中国”APP	有 / 没有
	师生满意度	师生对移动端“科普中国”内容的满意度	师生抽样调查

续表

模式	评估指标	指标说明	备注
校园媒体传播	广播栏目设置	校园广播设立“科普中国”专题节目，传播“科普中国”内容	有/没有
	广播栏目频次	校园广播播放“科普中国”内容的频次	规定时间内统计
	网站栏目设置	校园网站设立“科普中国”专题节目，传播“科普中国”内容	有/没有
	报纸栏目设置	校园报纸设立“科普中国”专题栏目，传播“科普中国”内容	有/没有
	报纸栏目频次	校园报纸刊登“科普中国”专题栏目内容的频次	规定时间内统计
	师生满意度	师生对上述媒体平台传播“科普中国”内容的满意度	师生抽样调查
校园传统设施	宣传栏传播	学校宣传栏结合师生需求传播“科普中国”的内容	有/没有（更新频次）
	科技场所运用	学校科技活动室运用“科普中国”内容组织科技科普活动	有/没有
	“科普中国”书架及图书	学校图书室设有“科普中国”书架并摆放“科普中国”图书	有/没有（书架和图书数量）
	师生满意度	师生对上述传统设施传播“科普中国”内容的满意度	师生抽样调查
校园创新模式	创新落地模式	学校结合本地特色和工作基础，发挥主观能动性，合理有效利用“科普中国”内容资源的方式	有/没有（提供案例）

3.“科普中国·百城千校万村行动”乡村评估细则

乡村评估指标体系细则共27项指标，其中乡村e站12项指标、乡村移动体系8项指标、乡村媒体传播3项指标、乡村传统设施3项指标以及乡村创新模式1项指标，如表5-7所示。

表5-7 “科普中国·百城千校万村行动”乡村评估指标

模式	评估指标	指标说明	备注
乡村e站	网络环境	连接“科普中国”资源的互联网络条件（包括有线网络和Wi-Fi）	有/没有（连接是否顺畅）
	场地建设	使用“科普中国”资源开展科普活动的固定场所	有/没有
	终端配置	配置展示“科普中国”资源的终端设施	有/没有（布点是否合理）

续表

模式	评估指标	指标说明	备注
乡村e站	活动开展	依托“科普中国”资源定期开展线上和线下科普活动	有 / 没有（提供案例）
	科普信息员	已注册的 e 站科普信息员	有 / 没有（工作总结）
	标识推广	e 站醒目位置展示推广“科普中国”标识及二维码	有 / 没有
	兼容服务	开展电商、农贸信息、农村创业咨询等服务	有 / 没有（提供案例）
	专家参与	农技专家定期参与 e 站的科普培训活动	有 / 没有
	用户数量	e 站注册会员数	规定时间内统计
	活动频次	e 站开展科普活动场次	规定时间内统计
	终端使用率	终端设施开机率	终端开机时间统计（后台总控）
	用户满意度	乡村用户对 e 站的满意度	会员抽样调查
乡村移动体系	自媒体转载	村官方（含 e 站）微信、微博等自媒体平台转载“科普中国”内容	有 / 没有
	自媒体转载频次	村官方（含 e 站）微信、微博等自媒体平台转载“科普中国”内容的频次	规定时间内统计
	自媒体关注人数	村官方（含 e 站）微信、微博等自媒体账号关注人数	规定时间内统计
	社群转发	村民社交群（QQ 群、微信群）转发“科普中国”内容	有 / 没有
	社群转发频次	村民社交群（QQ 群、微信群）转发“科普中国”内容的频次	规定时间内统计
	社群用户人数	村民（包括 e 站）的 QQ、微信群用户总数	规定时间内统计
	“科普中国”APP 推广	村各类媒体终端和自媒体平台以及公共场所和活动场合推广“科普中国”APP	有 / 没有
	村民满意度	村民对移动端“科普中国”内容的满意度	村民抽样调查
乡村媒体传播	广播栏目设置	村广播设立“科普中国”专题节目，传播“科普中国”内容	有 / 没有
	广播节目频次	村广播播放“科普中国”内容的频次	规定时间内统计
	村民满意度	村民对广播媒体平台传播“科普中国”内容的满意度	村民抽样调查

续表

模式	评估指标	指标说明	备注
乡村传统设施	宣传栏传播	村宣传栏结合村民需求传播“科普中国”的内容	有/没有（更新频次）
	科普中国书架及图书	乡村图书室设有“科普中国”书架并摆放“科普中国”图书	有/没有（书架和图书数量）
	村民满意度	村民对传统设施传播“科普中国”内容的满意度	村民抽样调查
乡村创新模式	创新落地模式	乡村结合本地特色和工作基础，发挥主观能动性，合理有效利用“科普中国”内容资源的方式	有/没有（提供案例）

本章从开展科普信息化测度的目的和意义出发，阐明了科普信息化测度对于辨析理论概念和推进实践工作的价值；立足宏观、介观和微观的视角，分别阐述了科普信息化测度的内容。大量的信息社会测度研究及实测工作为科普信息化测度提供了启示，核心测度指标及数据处理方法的基本确立为建构宏观角度的科普信息化测度指标体系创造了条件，但是该体系的科学合理性还有待进一步的研究工作来论证和检验。

结合实践工作，我们从评估的角度，制定了“科普中国”公众满意度测评指标体系、“科普中国·百城千校万村行动”的测评细则。在研究工作中，由于对测评中的各个要素考虑得比较充分，因此相关的指标数量较多，实测操作的难度相对较大，这些问题在试点测试中都要重点处理和解决。

不难发现，科普信息化测度对于整个科普信息化事业而言是不可或缺的。国内外其他领域的信息化工作（如教育信息化）在规划制定期就非常重视评估评价，不仅有文件描述，还制定了相应的标准。科普信息化在我国的发展，从顶层设计到落地应用，需要进一步深耕。

参考文献

白希 . 关于《全民科学素质行动计划纲要》实施工作情况报告 [R]. 2017-03-31.

百度百科 . 中国公众科技网 [EB/OL]. [2017-03-01]. http://baike.baidu.com/view/3293339.htm?fr=aladdin.

北京科普之窗 . 北京科普之窗大事记 [EB/OL].（2012-11-14）[2014-10-01]. http://www.bjkp.gov.cn/art/2012/11/14/art_2263_36462.html.

北京市科学技术协会信息中心，北京数字科普协会 . 创意科技助力数字博物馆 [M]. 北京：中国传媒大学出版社，2012.

陈琳 . 2013 中国教育信息化发展透视 [J]. 教育研究，2014，35（6）：136-141.

陈晓龙 . 信息论与热力学熵增加原理的哲学断想 [J]. 兰州学刊，1986（6）：39-43.

陈奕凌，梦丹 . 微博“碎片化阅读”的传播麻醉功能解读 [J]. 编辑之友，2014，（5）：19-21，25.

丁琳 . 浅谈微博的泛娱乐化倾向 [J]. 今传媒，2011，（11）：89-90.

樊洪业 . 解读“传统科普”[N]. 科学时报，2004-01-09.

方允璋 . 乡村知识需求与社会知识援助 [J]. 东南学术，2007，（4）：111-119.

符福桓 . 关于信息管理学学科建设与发展的思考（二）. 中国信息导报，1999，（11）：10-13.

高广生 . 构建完备农业信息服务体系 [J]. 前沿，2006，（6）：204-206.

高新民，郭为 . 中国智慧城市建设指南及优秀实践 [M]. 北京：电子工业出版社，2016：13-17.

高新民，郭为 . 中国智慧城市建设指南及优秀实践 [M]. 北京：电子工业出版社，2016：19-20.

工信部 . 2016 年通信运营业统计公报 [DB/OL].[2017-06-15]. http://www.miit.gov.cn/n1146290/

n1146402/n1146455/c5471508/content.html.
关于印发《国家信息化指标构成方案》的通知 [EB/OL]. [2017-04-20]. http://www.cnii.com.cn/20021111/ca103215.htm.
郭庆然 . 农业信息化推进农业产业化的策略研究 [J]. 农业经济，2009,（4）：70-72.
国务院关于印发“十三五”国家信息化规划的通知 [EB/OL].（2016-12-27）[2017-03-10]. http://www.gov.cn/zhengce/content/2016-12/27/content_5153411.htm.
哈佛大学伯克曼中心 . 开放 ICT 生态系统路线图 [EB/OL].[2017-06-15]. https://cyber.harvard.edu/epolicy/roadmap.pdf.
何克抗 . 从“翻转课堂”的本质看“翻转课堂”在我国的未来发展 [J]. 电化教育研究，2014,（7）：5-16.
何克抗 . 教育信息化发展新阶段的观念更新与理论思考 [J]. 课程・教材・教法，2016,（2）：3-10，23.
何克抗 . 我国教育信息化理论研究新进展 [J]. 中国电化教育，2011,（1）：1-19.
何克抗 . 迎接教育信息化发展新阶段的挑战 [J]. 中国电化教育，2006,（8）：5-11.
胡朝兴 . 浅谈农村信息员队伍建设 [J]. 北京农业，2008,（25）：46-47.
胡俊平，石顺科 . 我国城市社区科普的公众需求及满意度研究 [J]. 科普研究，2011，6（5）：18-26.
胡俊平，钟琦，罗晖 . 科普信息化的内涵、影响及测度 [J]. 科普研究，2015，10（1）：10-16.
黄水清，沈洁洁，茆意宏 . 发达地区农村社区信息化现状 [J]. 中国图书馆学报，2011（1）：64-72.
姜红 . 作为“信息”的新闻与作为“科学”的新闻学 [J]. 新闻与传播研究，2006,（2）：27-34.
焦建利，贾义敏，任改梅 . 教育信息化宏观政策与战略研究 [J]. 远程教育杂志，2014,（1）：25-32.
教育部 . 教育信息化“十五”发展规划（纲要）. 教育信息化，2003（4）：3-7.
教育部 . 教育信息化十年发展规划（2011—2020 年）[EB/OL].（2012-03-13）[2017-01-01]. http://www.moe.edu.cn/publicfiles/business/htmlfiles/moe/s3342/201203/xxgk_133322.html.
荆宁宁，程俊瑜 . 数据、信息、知识与智慧 [J]. 情报科学，2005,（12）：1786-1790.
凯恩斯定律 . 互动百科 [EB/OL]. [2017-6-30]. http://www.baike.com/wiki/%E5%87%AF%E6%81%A9%E6%96%AF%E5%AE%9A%E5%BE%8B&prd=so_1_doc.
科学技术普及概论编写组 . 科学技术普及概论 [M]. 北京：科学普及出版社，2002：7-31.
李白咏 .“IPTV 元年”看运营商 IPTV 业务面临的挑战 [J]. 中国电信业，2017,（3）：51-53.
李灿强 . 美国智慧城市政策述评 [J]. 电子政务，2016,（7）：101-112.

李大光．科学传播简史 [M]. 北京：中国科学技术出版社，2016：264.

李岱素．知识管理研究述评 [J]. 学术研究，2009（8）：83-88.

李道亮．以共赢机制推进农村信息化持续发展 [J]. 中国信息界，2007，（17）：10-18.

李继宏．强弱之外——关系概念的再思考 [J]. 社会学研究，2003，（3）：42-50.

李思寰．高校教育信息化评价方法的研究 [J]. 中国管理信息化，2010，（2）：127-129.

李亚楠．新媒体时代受众参与内容生产的组织及管理研究 [EB/OL]. [2017-6-30]. http://media.people.com.cn/n1/2016/0309/c402793-28185771.html.

李重照，刘淑华．智慧城市：中国城市治理的新趋向 [J]. 电子政务，2011，（6）：13-19.

联合国教育、科学及文化组织．青岛宣言 [J]. 王海东，译．世界教育信息，2015，（15）：69-71.

梁战平，张新民．区分数据、信息和知识的质疑理论 [J]．图书情报工作，2003，（11）：32-35.

廖桂平．农村农业信息化面临的问题及应对策略 [J]. 湖南农业大学学报，2012，（2）：4-7.

廖宇飞．探析微博传播方式的发展困境 [J]. 湖北经济学院学报，2014，（9）：14-15.

刘兵，江洋．日本公众理解科学实践的一个案例：关于"转基因农作物"的"共识会议"[J]. 科普研究，2006，（1）：42-46.

刘莉．数字化科普，影响力有多大 ?[N]. 科技日报，2010-03-18（005）.

刘培俊．关于职业教育信息化需求、供给与发展的生态循环 [J]. 中国教育信息化，2009，（15）：20-21.

刘晓娟，黄海晶，张晓梅，等．智慧城市建设中的数据开放、共享与利用 [J]. 电子政务，2016，（3）：35-42.

刘垠．刘延东谈增加科普投入："这半根冰棍钱要舍得投入"[N]. 科技日报，2017-06-30.

卢丽娜．农业信息化基本理论研究 [J]. 农业图书情报学刊，2007，（1）：168-173.

罗晖，李朝晖．美国实施科学、技术、工程和数学教育战略提升国家竞争力 [J]. 科普研究，2014，9（5）：32-40.

罗杰斯．传播学史—— 一种传记式的方法 [M]. 殷晓蓉，译．上海：上海译文出版社，2002.

罗兰贝格．2017 全球智慧城市战略指数 [EB/OL].[2017-06-15].https：//www.rolandberger.com/publications/publication_pdf/ta_17_008_smart_cities_cn_online_20170615_1.pdf.

迈克尔．J. 马奎特．创建学习型组织 5 要素 [M]. 邱昭良，译．北京：机械工业出版社，2003.

美国顾客满意度指数（ASCI）模型 [EB/OL].[2017-6-30]. http://wiki.mbalib.com/wiki/%E7%BE%8E%E5%9B%BD%E9%A1%BE%E5%AE%A2%E6%BB%A1%E6%84%8F%E5%BA%A6%E6%8C%87%E6%95%B0%E6%A8%A1%E5%9E%8B.

美国教育部．2016 美国教育技术规划（17 年更新版）[EB/OL]. [2017-06-15]. https://tech.ed.gov/files/2017/01/NETP17.pdf.

美国科学促进会 . 科学素养的基准 [M]. 中国科学技术协会，译 . 北京：科学普及出版社，2001.
南国农 . 教育信息化建设的几个理论和实际问题（上）[J]. 电化教育研究，2002，（11）：3-6.
农业部 ."十三五"全国农业农村信息化发展规划 [EB/OL]. [2017-06-15]. http://www.moa.gov.cn/zwllm/ghjh/201609/t20160901_5260726.htm.
潘泽江 . 农业信息化的制约瓶颈与发展路径初探 [J]. 科技信息，2011，（2）：12.
彭明盛 . 从城市开始构建智慧的地球 [N]，人民日报，2010-06-03：21.
乔刚，李芬 . 监测评估：高等教育评估的新理念 [J]. 高校探索，2016，（11）：16-20.
乔智 . 应该从三个角度理解"新媒体"：时间，技术，社会 [EB/OL]. [2017-6-30] .https://www.zhihu.com/question/20112918/answer/31087165.
秦洪花，李汉清，赵霞 ."智慧城市"的国内外发展现状 [J]. 环球风采，2010，（9）：50-52.
全民科学素质纲要实施工作办公室，中国科普研究所 . 2015 年中国公民科学素质调查主要结果 [R]. 2016.
全民科学素质行动计划纲要实施方案（2016—2020 年）[EB/OL].（2016-03-14）[2017-01-01]. http://news.xinhuanet.com/politics/2016-03/14/c_128799626_3.htm.
任福君 . 中国公民科学素质报告（第二辑）[M]. 北京：科学普及出版社，2011.
任福君，尹霖，等 . 科技传播与普及实践 [M]. 北京：中国科学技术出版社，2015：2.
任福君，翟杰全 . 科技传播与普及概论 [M]. 北京：中国科学技术出版社，2012：30-32.
任福君，翟杰全 . 科技传播与普及概论 [M]. 北京：中国科学技术出版社，2012：37-40.
任剑婷，李瑜婷 . 对我国信息化测度的建议 [J]. 图书情报工作，2011，55（8）：25-29.
萨伊定律 . 互动百科 [EB/OL]. [2017-6-30]. http://www.baike.com/wiki/%E8%90%A8%E4%BC%8A%E5%AE%9A%E5%BE%8B&prd=button_doc_entry.
尚勇 . 在中国科协 2016 年科普工作会上的讲话 [EB/OL]. [2017-6-30]. http://vote.cast.org.cn/n17040442/n17041583/n17041598/n17041661/17082605.html.
石顺科 . 英文"科普"称谓探识 [J]. 科普研究，2007，（2）：63-66.
斯图尔特・巴恩斯 . 知识管理系统理论与实务 [M] . 阎达五，徐鹿，等译 . 北京：机械工业出版社，2004.
宋慧欣 . 西门子：打造未来"梦工厂"[J]. 自动化博览，2012，（6）：22-28.
隋岩，李燕 . 从谣言、流言的扩散机制看传播的风险 [J]. 新闻大学，2012，（1）：73-79.
孙兴华，马云鹏 . 兼具深度广度：新加坡基础教育改革的启示 [J]. 外国教育研究，2014,（6）：68-78.
孙中亚，甄峰 . 智慧城市研究与规划实践述评 [J]. 规划师，2013，（2）：32-36.
谭国良 . 我国农村信息化的内涵、障碍及对策 [J]. 江西农业大学学报，2007，（2）：86-88，131.

谭英，王德海，谢咏才，等．贫困地区不同类型农户科技信息需求分析 [J]. 中国农业大学学报，2003，（3）：34-39.
腾讯公司，中国科普研究所．2016 年移动互联网网民科普获取和传播行为报告 [EB/OL]. [2017-05-31]. http://news.qq.com/cross/20170303/K23DV6O1.html#0.
涂子沛．大数据及其成因 [J]. 科学与社会，2014，（1）：14-26.
万里鹏，郑建明．社会信息化测度逻辑分析 [J]. 情报科学，2006，24（8）：1131-1136.
王德禄．知识管理的 IT 实现——朴素的知识管理 [M]．北京：电子工业出版社，2003.
王东杰，李哲敏，张建华，等．农业大数据共享现状分析与对策研究 [J]. 中国农业科技导报，2016，（3）：1-6.
王广斌，崔庆宏．欧洲智慧城市建设案例研究：内容、问题及启示 [J]. 中国科技论坛，2013，（7）：123-128.
王国晖．杨凌示范区农民科技知识需求的实证研究 [D]. 杨凌：西北农林科技大学，2010.
王慧，聂竹明，张新明．探析教育信息化核心价值取向——基于美国“国家教育技术计划”历史演变的研究 [J]. 中国电化教育，2013，（7）：31-38.
王康友．跑好科普“最后一公里”并不简单 [N]. 光明日报，2016-12-09（10）.
王萍．为未来而准备的学习——美国 2016 教育技术计划内容及启示 [J]. 中小学信息技术教育，2016，（2）：87-89.
王天乐，施晓慧．新加坡推出“智慧国家 2025”计划 [N]. 人民日报，2014-08-19：22.
王蔚．互联网时代，这些科普信息公众更青睐 [EB/OL].（2017-3-18）[2017-03-23]. http://www.shobserver.com/news/detail?id=47593.
王延飞．推进科普信息化应突出五个能力 [J]. 科协论坛，2015（11）：8-12.
王哲．两类信息定义述评 [J]. 华中科技大学学报（社会科学版），2007（1）：90-94.
王忠辉，朱孔来．国家和地区信息化水平测度方法评述 [J]. 山东工商学院学报，2006，20（4）：24-28，48.
王宗军，潘文砚．我国低碳经济综合评价——基于驱动力-压力-状态-影响-响应模型 [J]. 技术经济，2012，31（12）：68-76.
魏景斌，桑子轶，郭建全．中美科普相关产业税收政策比较研究 [J]. 改革与开放，2016（1）：49-50.
魏永强．北京要建第二代科普画廊 [N]. 大众科技报，2004-01-11.
魏永强．构建城市科普信息化的风景线 [N]. 大众科技报，2003-11-02.
邬焜．信息世界的进化 [M]. 西安：西北大学出版社，1994：26.
吴砥，尉小荣，卢春，等．教育信息化发展指标体系研究 [J]. 开放教育研究，2014，20（1）：92-99.
吴南中．混合学习空间：内涵、效用表征与形成机制 [J]. 电化教育研究，2017，（1）：21-27.

吴胜武，闫国庆．智慧城市——技术推动和谐 [M]. 杭州：浙江大学出版社，2010.

伍雪梅，童明余．公众科普信息需求调查与对策研究 [J]. 现代情报，2014，34（12）：84-89.

香农．通信的数学理论 [M]. 上海：上海市科学技术编译馆，1978：7.

肖君．新媒体对科普宣传的影响与提升 [J]. 云南科技管理，2015，28（1）：57-58.

新加坡教育部．教育信息化发展第四期规划 [EB/OL].[2017-06-15]. https://ictconnection.moe.edu.sg/masterplan-4/our-ict-journey.

新浪读书．第十四次全国国民阅读调查报告出炉 [EB/OL].（2017-04-18）[2017-04-19]. http://book.sina.com.cn/news/whxw/2017-04-18/doc-ifyeimqy2574493.shtml.

熊春林，符少辉．试论农村农业信息化的内涵与特征 [J]. 农业图书情报学刊，2014,（9）：5-8.

杨振燕．互联网新媒体的几种形式 [EB/OL]. [2017-6-30].http://mp.weixin.qq.com/s?__biz =MjM5ODk4MjkzMg==&mid=457450444&idx=4&sn=f50a5d5ca7eab5c6a947aa559811617b&scene=0#wechat_redirect.

杨振英，刘石检．新媒体时代的语境解读 [J]. 今传媒，2013，（5）：97-98.

于光远．十字形大农业 [J]. 天津农业科学，1983，（2）：1-5.

喻国华．当前我国农村农业信息化问题探讨 [J]. 中国市场，2005，（35）：126-127.

翟杰全．科技公共传播：知识普及、科学理解、公众参与 [J]. 北京理工大学学报（社会科学版），2008，（6）：29-40.

张晨婧仔，王瑛，汪晓东，等．国内外教育信息化评价的政策比较、发展趋势与启示 [J]. 远程教育杂志，2015（4）：22-33.

张东霞，姚良忠，马文媛．中外智能电网发展战略 [J]. 中国电机工程学报，2013,（31）：1-15.

张峻峰，赵静娟，郑怀国．面向农村的知识服务模式探讨 [J]. 安徽农业科学，2008，（22）：9797-9798，9802.

张少锋，郑建民．社会信息化测度体系中的教育相关指标 [J]. 图书馆杂志，2006，25（7）：10-13.

张韬．IBM 世博会上实践“智慧的城市”[N]. 上海证券报，2011-03-01.

张伟捷，郭健全，魏景赋．发达国家科普相关产业税收经验借鉴与分析 [J]. 中国科技论坛，2016（4）：90-95.

张小林．中国数字科技馆建设报告 [M]. 北京：中国科学技术出版社，2010.

张晓芳．PUS 研究的两种思路 [J]. 自然辩证法研究，2004，（7）：55-60.

张晓芸．“蝌蚪五线谱”科普网站的由来 [M]// 张浩达，刘英．数字科普之路．北京：科学普及出版社，2016：204-209.

张新红，于凤霞，唐斯斯．中国农村信息化需求调查研究报告 [J]. 电子政务，2013，（2）：2-25.

赵静，王玉平．国内外农业信息化研究述评 [J]. 图书情报知识，2007，（6）：80-85.

赵姝颖，张丹，田祥章，李海龙 . 走在科普大路上 [J]. 机器人技术与应用，2012（6）：4-8.
赵姝颖 . 人工智能技术在科技传播中的应用探索 [J]. 机器人技术与应用，2014（1）：38-41.
郑红维 . 关于农业信息化问题的思考 [J]. 中国农村经济，2001，（12）：27-31.
郑建明，王育红 . 信息测度方法模型分析 [J]. 情报学报，2010，19（6）：546-552.
郑建明 . 信息化指标构建理论及测度分析研究 [M]. 北京：中国社会科学出版社，2011：116-214.
郑旷 . 当代新闻学 [M]. 北京：长征出版社，1987：1.
郑念，张平淡 . 科普项目的管理与评估 [M]. 北京：科学普及出版社，2008：46-47.
郑智斌，刘莎 . 公众议题的兴起——网络传播与传统新闻传播互动论 [J]. 南昌大学学报，2004，（3）：139-143.
中共中央办公厅、国务院办公厅印发《2006—2020年国家信息化发展战略》[EB/OL].（2009-09-24）[2014-10-01]. http://www.gov.cn/test/2009-09/24/content_1425447.htm.
中国广播电视网络有限公司 . 2016 年第四季度中国有线电视行业发展公报 [EB/OL]. 2017-06-15. http：//www.sohu.com/a/125156064_488920.
中国互联网络信息中心 . 第 39 次《中国互联网络发展状况统计报告》[EB/OL].（2017-01-22）[2017-03-23]. http://www.cnnic.net.cn/hlwfzyj/hlwxzbg/hlwtjbg/201701/t20170122_66437.htm.
中国互联网络信息中心 . 中国科普市场现状及网民科普使用行为研究报告 [R]. 2011.
中国互联网协会网络科普联盟简介 [EB/OL].（2008-11-24）[2014-10-01]. http://www.uisp.org.cn/2008-11/24/content_2598037.htm.
中国科普研究所 . 云科普平台建设——秦皇岛市科普信息化的调研发现 [R]. 科普研究动态，2014-10-10（20）.
中国科协 . 中国科协印发《中国科协关于加强科普信息化建设的意见》的通知 [EB/OL].（2014-12-23）[2017-01-01]. http://www.cast.org.cn/n35081/n35096/n10225918/16157721.html.
中国科协发布第九次中国公民科学素质调查结果 [EB/OL].（2015-09-22）[2017-03-01]. http://www.cast.org.cn/n35081/n35096/n10225918/16670746.html.
中国科协科普部，百度数据研究中心，中国科普研究所 . 2016 年度中国网民科普需求搜索行为报告 [R]. 2017.
中国科学技术协会 . 全民科学素质行动计划纲要（2006—2010—2020 年）[M]. 北京：科学普及出版社，2008.
《中国教育网络》编辑部 . 职业教育信息化：育人为本 应用驱动——专访教育部职业教育与成人教育司副司长刘建同 [J]. 中国教育网络，2006，（Z1）：5-8.
中华人民共和国科学技术部 . 中国科普统计 2016 年版 [M]. 北京：科学技术文献出版社，2016.
钟琦，胡俊平，武丹，等 . 数说科普需求侧——网民科普行为数据分析 [M]. 北京：科学出版社，2016：130-131.

钟琦，胡俊平，武丹，等 . 数说科普需求侧——网民科普行为数据分析 [M]. 北京：科学出版社，2016：40.

钟义信 . 信息科学原理 . 第 3 版 [M]. 北京：北京邮电大学出版社，2002：50-51.

周宏仁 . 信息化概论 [M]. 北京：电子工业出版社，2009：10.

周宏仁 . 中国信息化形势分析与预测（2014）[M]. 北京：社会科学文献出版社，2014：369-393.

朱春阳 . 政治沟通视野下的媒体融合——核心议题、价值取向与传播特征 [J]. 新闻记者，2014，（11）：9-16.

朱道华 . 略论农业现代化、农村现代化和农民现代化 [J]. 沈阳农业大学学报，2002，（3）：178-181，237-238.

住建部 . 智慧社区建设指南（试行）[EB/OL].[2017-06-15]. http：//www.mohurd.gov.cn/zcfg/jsbwj_0/jsbwjjskj/201405/W020140520100153.pdf.

祝智庭 . 翻转课堂国内应用实践与反思 [J]. 电化教育研究，2015，（6）：66-72.

祝智庭 . 中国教育信息化十年 [J]. 中国电化教育，2011（1）：20-25.

2016“山东科协星”杯科普动画公益广告大赛 [EB/OL]. [2017-03-23]. http://www.iqilu.com/html/zt/zixun/kepuguanggao/.

Benedikt M. Cyberspace：Some Proposals[M]. Cambridge：The MIT Press，1991.

Centre of Regional Science，Vienna University of Technology. Smart cities：Ranking of European medium-sized cities[EB/OL].[2017-06-15].http：//www.smart-cities.eu/download /smart_cities_final_report.pdf.

Dirks S，Keeling M. A Vision of Smarter Cities：How Cities can Lead the Way into a Prosperous and Sustainable Future[R]. IBM Global Business Services，2009.

House of Lords Select Committee of Science and Technology. Science and Society [R]. London：The Stationery Office，2000.

IBM. 世博会上实践“智慧的城市”[N]. 上海证券报，2011-03-01.

Ishida T，Isbister K. Digital Cities：Technologies，Experiences，and Future Perspectives[M]. Berlin：Springer，2000.

Mansell R，Wehn U（eds）. Knowledge Society：Information Technology for Sustainable Development [M]. Oxford：Oxford University Press，1998.

Margaret Driscoll.Blended learning：Let’s get beyond the hype[EB/OL].[2017-06-15]. http://www-07.ibm.com/services/pdf/blended_learning.pdf.

Pfitzner R，Garas A，Schweitzer F. Emotional Divergence Influences Information Spreading in Twitter[C]. ICWSM-12，2012：543-546.

Royal Society. The Public Understanding of Science [R]. London：The Royal Society，1985.

Shapiro J M. Smart Cities：Explaining the Relationship between City Growth and Human Capital[Z]. 2003.

Shyamal Majumdar. Modelling ICT development in Education[EB/OL].[2017-06-15]. http://www.unevoc.unesco.org/fileadmin/up/modelling_ict.pdf.

Stufflebeam D L. The CIPP Model for Program Evaluation [J].In Madaus G F，Striven M S，Stffle-beam D L（eds.）.Evaluation Models. Boston，MA：Klu-wer-Nijhoff，1983：117.

附录一

2006—2020年国家信息化发展战略（节选）

中办发〔2006〕11号　　发布日期：2006年3月19日

信息化是当今世界发展的大趋势，是推动经济社会变革的重要力量。大力推进信息化，是覆盖我国现代化建设全局的战略举措，是贯彻落实科学发展观、全面建设小康社会、构建社会主义和谐社会和建设创新型国家的迫切需要和必然选择。

一、全球信息化发展的基本趋势（略）

二、我国信息化发展的基本形势（略）

三、我国信息化发展的指导思想和战略目标（略）

四、我国信息化发展的战略重点

（一）推进国民经济信息化

推进面向“三农”的信息服务。利用公共网络，采用多种接入手段，以农民普遍能够承受的价格，提高农村网络普及率。整合涉农信息资源，规范和完善公益性信息中介服务，建设城乡统筹的信息服务体系，为农民提供适用的市场、科技、教育、卫生保健等信息服务，支持农村富余劳动力的合理有序流动。

利用信息技术改造和提升传统产业。促进信息技术在能源、交通运输、冶金、机械和化工等行业的普及应用，推进设计研发信息化、生产装备数字化、生产过程智能化和经营管理网络化。充分运用信息技术推动高能耗、高物耗和高污染行业的改造。推动供应链管理和客户关系管理，大力扶持中小企业信息化。

加快服务业信息化。优化政策法规环境，依托信息网络，改造和提升传统服务业。加快发展网络增值服务、电子金融、现代物流、连锁经营、专业信息服务、咨询中介等新型服务业。大力发展电子商务，降低物流成本和交易成本。

鼓励具备条件的地区率先发展知识密集型产业。引导人才密集、信息化基础好的地区率先发展知识密集型产业，推动经济结构战略性调整。充分利用信息技术，加快东部地区知识和技术向中西部地区的扩散，创造区域协调发展的新局面。

（二）推行电子政务

改善公共服务。逐步建立以公民和企业为对象、以互联网为基础、中央与地方相配合、多种技术手段相结合的电子政务公共服务体系。重视推动电子政务公共服务延伸到街道、社区和乡村。逐步增加服务内容，扩大服务范围，提高服务质量，推动服务型政府建设。

加强社会管理。整合资源，形成全面覆盖、高效灵敏的社会管理信息网络，增强社会综合治理能力。协同共建，完善社会预警和应对突发事件的网络运行机制，增强对各种突发性事件的监控、决策和应急处置能力，保障国家安全、公共安全，维护社会稳定。

强化综合监管。满足转变政府职能、提高行政效率、规范监管行为的需求，深化相应业务系统建设。围绕财政、金融、税收、工商、海关、国资监管、质检、食品药品安全等关键业务，统筹规划，分类指导，有序推进相关业务系统之间、中央与地方之间的信息共享，促进部门间业务协同，提高监管能力。建设企业、个人征信系统，规范和维护市场秩序。

完善宏观调控。完善财政、金融等经济运行信息系统，提升国民经济预测、预警和监测水平，增强宏观调控决策的有效性和科学性。

（三）建设先进网络文化

加强社会主义先进文化的网上传播。牢牢把握社会主义先进文化的前进方向，支持健康有益文化，加快推进中华民族优秀文化作品的数字化、网络化，规范网络文化传播秩序，使科学的理论、正确的舆论、高尚的精神、优秀的作品成为网上文化传播的主流。

改善公共文化信息服务。鼓励新闻出版、广播影视、文学艺术等行业加快信息化步伐，提高文化产品质量，增强文化产品供给能力。加快文化信息资源整合，加强公益性文化信息基础设施建设，完善公共文化信息服务体系，将文化产品送到千家万户，丰富基层群众文化生活。

加强互联网对外宣传和文化交流。整合互联网对外宣传资源，完善互联网对外宣传体系建设，不断提高互联网对外宣传工作整体水平，持续提升对外宣传效果，扩大中华民族优秀文化的国际影响力。

建设积极健康的网络文化。倡导网络文明，强化网络道德约束，建立和完善网络行为规范，积极引导广大群众的网络文化创作实践，自觉抵御不良内容的侵蚀，摈弃网络滥用行为和低俗之风，全面建设积极健康的网络文化。

（四）推进社会信息化

加快教育科研信息化步伐。提升基础教育、高等教育和职业教育信息化水平，持续推进农村现代远程教育，实现优质教育资源共享，促进教育均衡发展。构建终身教育体系，发展多层次、交互式网络教育培训体系，方便公民自主学习。建立并完善全国教育与科研基础条件网络平台，提高教育与科研设备网络化利用水平，推动教育与科研资源的共享。

加强医疗卫生信息化建设。建设并完善覆盖全国、快捷高效的公共卫生信息系统，增强防疫监控、应急处置和救治能力。推进医疗服务信息化，改进医院管理，开展远程医疗。统筹规划电子病历，促进医疗、医药和医保机构的信息共享和业务协同，支持医疗体制改革。

完善就业和社会保障信息服务体系。建设多层次、多功能的就业信息服务体系，加强就业信息统计、分析和发布工作，改善技能培训、就业指导和政策咨询服务。加快全国社会保障信息系统建设，提高工作效率，改善服务质量。

推进社区信息化。整合各类信息系统和资源，构建统一的社区信息平台，加强常住人口和流动人口的信息化管理，改善社区服务。

（五）完善综合信息基础设施

推动网络融合，实现向下一代网络的转型。优化网络结构，提高网络性能，推进综合基础信息平台的发展。加快改革，从业务、网络和终端等层面推进“三网融合”。发展多种形式的宽带接入，大力推动互联网的应用普及。推动有线、地面和卫星等各类数字广播电视的发展，完成广播电视从模拟向数字的转换。应用光电传感、射频识别等技术扩展网络功能，发展并完善综合信息基础设施，稳步实现向下一代网络的转型。

建立和完善普遍服务制度。加快制度建设，面向老少边穷地区和社会困难群体，建立和完善以普遍服务基金为基础、相关优惠政策配套的补贴机制，逐步将普遍服务从基础电信和广播电视业务扩展到互联网业务。加强宏观管理，拓宽多种渠道，推动普遍服务市场主体的多元化。

（六）加强信息资源的开发利用

建立和完善信息资源开发利用体系。加快人口、法人单位、地理空间等国家基础信息库的建设，拓展相关应用服务。引导和规范政务信息资源的社会化增值开发利用。鼓励企业、个人和其他社会组织参与信息资源的公益性开发利用。完善知识产权保护制度，大力发展以数字化、网络化为主要特征的现代信息服务业，促进信息资源的开发利用。充分发挥信息资源开发利用对节约资源、能源和提高效益的作用，发挥信息流对人员流、物质流和资金流的引导作用，促进经济增长方式的转变和资源节约型社会的建设。

加强全社会信息资源管理。规范对生产、流通、金融、人口流动以及生态环境等领域的信息采集和标准制定，加强对信息资产的严格管理，促进信息资源的优化配置。实现信息资源的深度开发、及时处理、安全保存、快速流动和有效利用，基本满足经济社会发展优先领域的信息需求。

（七）提高信息产业竞争力

突破核心技术与关键技术。建立以企业为主体的技术创新体系，强化集成创新，突出自主创新，突破关键技术。选择具有高度技术关联性和产业带动性的产品和项目，促进引进消化吸收再创新，产学研用结合，实现信息技术关键领域的自主创新。积聚力量，攻克难关，逐步由外围向核心逼近，推进原始创新，力争跨越核心技术门槛，推进创新型国家建设。

培育有核心竞争能力的信息产业。加强政府引导，突破集成电路、软件、关键电子元器件、关键工艺装备等基础产业的发展瓶颈，提高在全球产业链中的地位，逐步形成技术领先、基础雄厚、自主发展能力强的信息产业。优化环境，引导企业资产重组、跨国并购，推动产业联盟，加快培育和发展具有核心能力的大公司和拥有技术专长的中小企业，建立竞争优势。加快“走出去”步伐，鼓励运营企业和制造企业联手拓展国际市场。

（八）建设国家信息安全保障体系

全面加强国家信息安全保障体系建设。坚持积极防御、综合防范，探索和把握信息化与信息安全的内在规律，主动应对信息安全挑战，实现信息化与信息安全协调发展。坚持立足国情，综合平衡安全成本和风险，确保重点，优化信息安全资源配置。建立和完善信息安全等级保护制度，重点保护基础信息网络和关系国家安全、经济命脉、社会稳定的重要信息系统。加强密码技术的开发利用。建设网络信任体系。加强信息安全风险评估工作。建设和完善信息安全监控体系，提高对网络安全事件应对和防范能力，防止有害信息传播。高度重视信息安全应急处置工作，健全完善信息安全应急指挥和安全通报制度，不断完善信息安全应急处置预案。从实际出发，促进资源共享，重视灾难备份建设，增强信息基础设施和重要信息系统的抗毁能力和灾难恢复能力。

大力增强国家信息安全保障能力。积极跟踪、研究和掌握国际信息安全领域的先进理论、前沿技术和发展动态，抓紧开展对信息技术产品漏洞、后门的发现研究，掌握核心安全技术，提高关键设备装备能力，促进我国信息安全技术和产业的自主发展。加快信息安全人才培养，增强国民信息安全意识。不断提高信息安全的法律保障能力、基础支撑能力、网络舆论宣传的驾驭能力和我国在国际信息安全领域的影响力，建立和完善维护国家信息安全的长效机制。

（九）提高国民信息技术应用能力，造就信息化人才队伍

提高国民信息技术应用能力。强化领导干部的信息化知识培训，普及政府公务人员的信息技术技能培训。配合现代远程教育工程，组织志愿者深入老少边穷地区从事信息化知识和技能服务。普及中小学信息技术教育。开展形式多样的信息化知识和技能普及活动，提高国民受教育水平和信息能力。

培养信息化人才。构建以学校教育为基础，在职培训为重点，基础教育与职业教育相互结合，公益培训与商业培训相互补充的信息化人才培养体系。鼓励各类专业人才掌握信息技术，培养复合型人才。

五、我国信息化发展的战略行动

为落实国家信息化发展的战略重点，保证在“十一五”时期国家信息化水平迈上新的台阶，按照承前启后、以点带面的原则，优先制定和实施以下战略行动计划。

（一）国民信息技能教育培训计划

在全国中小学普及信息技术教育，建立完善的信息技术基础课程体系，优化课程设置，丰富教学内容，提高师资水平，改善教学效果。推广新型教学模式，实现信息技术与教学过程的有机结合，全面推进素质教育。

加大政府资金投入及政策扶持力度，吸引社会资金参与，把信息技能培训纳入国民经济和社会发展规划。依托高等院校、中小学、邮局、科技馆、图书馆、文化站等公益性设施，以及全国文化信息资源共享工程、农村党员干部远程教育工程等，积极开展国民信息技能教育和培训。

（二）电子商务行动计划

营造环境、完善政策，发挥企业主体作用，大力推进电子商务。以企业信息化为基础，以大型重点企业为龙头，通过供应链、客户关系管理等，引导中小企业积极参与，形成完整的电子商务价值链。加快信用、认证、标准、支付和现代物流建设，完善结算清算信息系统，注重与国际接轨，探索多层次、多元化的电子商务发展方式。

制定和颁布中小企业信息化发展指南，分类指导，择优扶持，建设面向中小企业的公共信息服务平台，鼓励中小企业利用信息技术，促进中小企业开展灵活多样的电子商务活动。立足产业集聚地区，发挥专业信息服务企业的优势，承揽外包服务，帮助中小企业低成本、低风险地推进信息化。

（三）电子政务行动计划

规范政务基础信息的采集和应用，建设政务信息资源目录体系，推动政府信息公开。整合电子政务网络，建设政务信息资源的交换体系，全面支撑经济调节、市场监管、社会管理和公共服务职能。

建立电子政务规划、预算、审批、评估综合协调机制。加强电子政务建设资金投入的审计和监督。明确已建、在建及新建项目的关系和业务衔接，逐步形成统一规范的电子政务财政预算、基本建设、运行、维护管理制度和绩效评估制度。

（四）网络媒体信息资源开发利用计划

开发科技、教育、新闻出版、广播影视、文学艺术、卫生、“三农”、社保等领域的信息资源，提供人民群众生产生活所需的数字化信息服务，建成若干强大的、影响广泛的、协同关联的互联网骨干网站群。扶持国家重点新闻网站建设。鼓励公益性网络媒体信息资源的开发利用。

制定政策措施，引导和鼓励网络媒体信息资源建设，开发优秀的信息产品，全面营造健康的网络信息环境。注重研究互联网传播规律和新技术发展对网络传媒的深远影响。

（五）缩小数字鸿沟计划

坚持政府主导、社会参与，缩小区域之间、城乡之间和不同社会群体之间信息技术应用水平的差距，创造机会均等、协调发展的社会环境。

加大支持力度，综合运用各种手段，加快推进中西部地区的信息网络建设，普及信息服务。把缩小城乡数字鸿沟作为统筹城乡经济社会发展的重要内容，推进农业信息化和现代农业建设，为建设社会主义新农村服务。逐步在行政村和城镇社区设立免费或低价接入互联网的公共服务场所，提供电子政务、教育培训、医疗保健、养老救治等方面的信息服务。

（六）关键信息技术自主创新计划

在集成电路（特别是中央处理器芯片）、系统软件、关键应用软件、自主可控关键装备等涉及自主发展能力的关键领域，瞄准国际创新前沿，加大投入，重点突破，逐步掌握产业发展的主动权。

在具有研发基础、市场前景广阔的移动通信、数字电视、下一代网络、射频识别等领域，优先启用具有自主知识产权的标准，加快产品开发和推广应用，带动产业发展。

六、我国信息化发展的保障措施（略）

附录二 “十三五”国家信息化规划（节选）

国发〔2016〕73号　　发布日期：2016年12月15日

“十三五”时期是全面建成小康社会的决胜阶段，是信息通信技术变革实现新突破的发轫阶段，是数字红利充分释放的扩展阶段。信息化代表新的生产力和新的发展方向，已经成为引领创新和驱动转型的先导力量。围绕贯彻落实“五位一体”总体布局和“四个全面”战略布局，加快信息化发展，直面“后金融危机”时代全球产业链重组，深度参与全球经济治理体系变革；加快信息化发展，适应把握引领经济发展新常态，着力深化供给侧结构性改革，重塑持续转型升级的产业生态；加快信息化发展，构建统一开放的数字市场体系，满足人民生活新需求；加快信息化发展，增强国家文化软实力和国际竞争力，推动社会和谐稳定与文明进步；加快信息化发展，统筹网上网下两个空间，拓展国家治理新领域，让互联网更好造福国家和人民，已成为我国“十三五”时期践行新发展理念、破解发展难题、增强发展动力、厚植发展优势的战略举措和必然选择。

本规划旨在贯彻落实“十三五”规划纲要和《国家

信息化发展战略纲要》，是“十三五”国家规划体系的重要组成部分，是指导“十三五”期间各地区、各部门信息化工作的行动指南。

一、发展现状与形势

（一）发展成就

党中央、国务院高度重视信息化工作。“十二五”时期特别是党的十八大之后，成立中央网络安全和信息化领导小组，通过完善顶层设计和决策体系，加强统筹协调，作出实施网络强国战略、大数据战略、“互联网 +”行动等一系列重大决策，开启了信息化发展新征程。各地区、各部门扎实工作、开拓创新，我国信息化取得显著进步和成就。

信息基础设施建设实现跨越式发展，宽带网络建设明显加速。截至 2015 年底，我国网民数达到 6.88 亿，互联网普及率达到 50.3%，互联网用户、宽带接入用户规模位居全球第一。第三代移动通信网络（3G）覆盖全国所有乡镇，第四代移动通信网络（4G）商用全面铺开，第五代移动通信网络（5G）研发步入全球领先梯队，网络提速降费行动加快推进。三网融合在更大范围推广，宽带广播电视和有线无线卫星融合一体化建设稳步推进。北斗卫星导航系统覆盖亚太地区。

信息产业生态体系初步形成，重点领域核心技术取得突破。集成电路实现 28 纳米（nm）工艺规模量产，设计水平迈向 16/14nm。“神威 • 太湖之光”超级计算机继“天河二号”后蝉联世界超级计算机 500 强榜首。高世代液晶面板生产线建设取得重大进展，迈向 10.5 代线。2015 年，信息产业收入规模达到 17.1 万亿元，智能终端、通信设备等多个领域的电子信息产品产量居全球第一，涌现出一批世界级的网信企业。

网络经济异军突起，基于互联网的新业态新模式竞相涌现。2015 年，电子商务交易额达到 21.79 万亿元，跃居全球第一。“互联网 +”蓬勃发展，信息消费大幅增长，产业互联网快速兴起，从零售、物流等领域逐步向一二三产业全面渗透。网络预约出租汽车、大规模在线开放课程（慕课）等新业态新商业模式层出不穷。

电子政务应用进一步深化，网络互联、信息互通、业务协同稳步推进。统一完整的国家电子政务网络基本形成，基础信息资源共享体系初步建立，电子政务服务不断向基层政府延伸，政务公开、网上办事和政民互动水平显著提高，有效促进政府管理创新。

社会信息化水平持续提升，网络富民、信息惠民、服务便民深入发展。信息进村入户工程取得积极成效，互联网助推脱贫攻坚作用明显。大中小学各级教育机构初步实现网络覆盖。国家、省、市、县四级人口健康信息平台建设加快推进，电子病历普及率大幅提升，远程会诊系统初具规模。医保、社保即时结算和跨区统筹取得新进展，截至 2015 年底，社会保障卡持卡人数达到 8.84 亿人。

网络安全保障能力显著增强，网上生态持续向好。网络安全审查制度初步建立，信息安全等级保护制度基本落实，网络安全体制机制逐步完善。国家关键信息基础设施安全防护水平明显提升，国民网络安全意识显著提高。发展了中国特色社会主义治网之道，网络文化建设持续加强，互联网成为弘扬社会主义核心价值观和中华优秀传统文化的重要阵地，网络空间日益清朗。

网信军民融合体系初步建立，技术融合、产业融合、信息融合不断深化。网信军民融合顶层设计、战略统筹和宏观指导得到加强，实现了集中统一领导和决策，一批重大任务和重大工程落地实施。军民融合式网信产业基础进一步夯实，初步实现网络安全联防联控、网络舆情军地联合管控，信息基础设施共建合用步伐加快。

网络空间国际交流合作不断深化，网信企业走出去步伐明显加快。成功举办世界互联网大会、中美互联网论坛、中英互联网圆桌会议、中国—东盟信息港论坛、中国—阿拉伯国家网上丝绸之路论坛、中国—新加坡互联网论坛。数字经济合作成为多边、双边合作新亮点。一批网信企业加快走出去，积极参与"一带一路"沿线国家信息基础设施建设。跨境电子商务蓬勃发展，年增速持续保持在 30% 以上。

（二）发展形势

"十三五"时期，全球信息化发展面临的环境、条件和内涵正发生深刻变化。从国际看，世界经济在深度调整中曲折复苏、增长乏力，全球贸易持续低迷，劳动人口数量增长放缓，资源环境约束日益趋紧，局部地区地缘博弈更加激烈，全球性问题和挑战不断增加，人类社会对信息化发展的迫切需求达到前所未有的程度。同时，全球信息化进入全面渗透、跨界融合、加速创新、引领发展的新阶段。信息技术创新代际周期大幅缩短，创新活力、集聚效应和应用潜能裂变式释放，更快速度、更广范围、更深程度地引发新一轮科技革命和产业变革。物联网、云计算、大数据、人工智能、机器深度学习、区块链、生物基因工程等新技术驱动网络空间从人人互联向万物互联演进，数字化、网络化、智能化服务将无处不在。现实世界和数字世界日益交汇融合，全球治理体系面临深刻变革。全球经济体普遍把加快信息技术创新、最大程度释放数字红利，作为应对"后金融危机"时代增长不稳定性和不确定性、深化结构性改革和推动可持续发展的关键引擎。

从国内看，我国经济发展进入新常态，正处于速度换挡、结构优化、动力转换的关键节点，面临传统要素优势减弱和国际竞争加剧双重压力，面临稳增长、促改革、调结构、惠民生、防风险等多重挑战，面临全球新一轮科技产业革命与我国经济转型、产业升级的历史交汇，亟需发挥信息化覆盖面广、渗透性强、带动作用明显的优势，推进供给侧结构性改革，培育发展新动能，构筑国际竞争新优势。从供给侧看，推动信息化与实体经济深度融合，有利于提高全要素生产率，提高供给质量和效率，更好地满足人民群众日益增长、不断升级和个性化的需求；从需求侧看，推动互联网与经济社会深度融合，创新数据驱动型的生产和消费模式，有利于促进消费者深度参与，不断激发新的需求。

同时，我国信息化发展还存在一些突出短板，主要是：技术产业生态系统不完善，自主创新能力不强，核心技术受制于人成为最大软肋和隐患；互联网普及速度放缓，贫困地区和农村地区信息基础设施建设滞后，针对留守儿童、残障人士等特殊人群的信息服务供给薄弱，数字鸿沟有扩大风险；信息资源开发利用和公共数据开放共享水平不高，政务服务创新不能满足国家治理体系和治理能力现代化的需求；制约数字红利释放的体制机制障碍仍然存在，与先进信息生产力相适应的法律法规和监管制度还不健全；网络安全技术、产业发展滞后，网络安全制度有待进一步完善，一些地方和部门网络安全风险意识淡薄，网络空间安全面临严峻挑战。

综合研判，“十三五”时期是信息化引领全面创新、构筑国家竞争新优势的重要战略机遇期，是我国从网络大国迈向网络强国、成长为全球互联网引领者的关键窗口期，是信息技术从跟跑并跑到并跑领跑、抢占战略制高点的激烈竞逐期，也是信息化与经济社会深度融合、新旧动能充分释放的协同进发期。必须认清形势，树立全球视野，保持战略定力，增强忧患意识，加强统筹谋划，着力补齐短板，主动顺应和引领新一轮信息革命浪潮，务求在未来五到十年取得重大突破、重大进展和重大成果，在新的历史起点上开创信息化发展新局面。

二、总体要求

（一）指导思想

全面贯彻党的十八大和十八届三中、四中、五中、六中全会精神，深入贯彻习近平总书记系列重要讲话精神，认真落实党中央、国务院决策部署，按照“五位一体”总体布局和“四个全面”战略布局，牢固树立创新、协调、绿色、开放、共享的发展理念，着力补齐核心技术短板，全面增强信息化发展能力；着力发挥信息化对经济社会发展的驱动引领作用，培育发展新动能，拓展网络经济空间，壮大网络信息等新兴消费，全面提升信息化应用水平；着力满足广大人民群众普遍期待和经济社会发展关键需要，重点突破，推动信息技术更好服务经济升级和民生改善；着力深化改革，激发创新活力，主动防范和化解风险，全面优化信息化发展环境。坚定不移走中国特色信息化发展道路，实施网络强国战略，让信息化更好造福国家和人民，为如期全面建成小康社会提供强大动力。

（二）主要原则

坚持以惠民为宗旨。把增进人民福祉、促进人的全面发展作为信息化发展的出发点和落脚点，着力发挥信息化促进公共资源优化配置的作用，以信息化提升公共治理和服务水平，促进人民生活水平和质量普遍提高。

坚持全面深化改革。正确处理政府和市场关系，坚持发挥市场在资源配置中的决定性作用，更好发挥政府作用，破除不利于信息化创新发展的体制机制障碍，激发创新活力，加强法治保障，释放数字红利，为经济社会发展提供持续动力。

坚持服务国家战略。围绕推进“一带一路”建设、京津冀协同发展、长江经济带发展等国家战略和经济、政治、文化、社会、生态、国防等重大需求，发挥信息化引领和支撑作用，做到国家利益在哪里、信息化就覆盖到哪里。

坚持全球视野发展。把握全球信息技术创新发展趋势和前沿动态，增强我国在全球范围配置人才、资金、技术、信息的能力，超前布局、加速赶超，积极推动全球互联网治理体系变革，提高我国国际话语权。

坚持安全与发展并重。树立科学的网络安全观，正确处理安全和发展的关系，坚持安全和发展双轮驱动，以安全保发展，以发展促安全，推动网络安全与信息化发展良性互动、互为支撑、协调共进。

（三）发展目标

到 2020 年，“数字中国”建设取得显著成效，信息化发展水平大幅跃升，信息化能力跻身国际前列，具有国际竞争力、安全可控的信息产业生态体系基本建立。信息技术和经济社会发展深度融合，数字鸿沟明显缩小，数字红利充分释放。信息化全面支撑党和国家事业发展，促进经济社会均衡、包容和可持续发展，为国家治理体系和治理能力现代化提供坚实支撑。

核心技术自主创新实现系统性突破。信息领域核心技术设备自主创新能力全面增强，新一代网络技术体系、云计算技术体系、端计算技术体系和安全技术体系基本建立。集成电路、基础软件、核心元器件等关键薄弱环节实现系统性突破。5G 技术研发和标准制定取得突破性进展并启动商用。云计算、大数据、物联网、移动互联网等核心技术接近国际先进水平。部分前沿技术、颠覆性技术在全球率先取得突破，成为全球网信产业重要领导者。

信息基础设施达到全球领先水平。“宽带中国”战略目标全面实现，建成高速、移动、安全、泛在的新一代信息基础设施。固定宽带家庭普及率达到中等发达国家水平，城镇地区提供 1000 兆比特 / 秒（Mbps）以上接入服务能力，大中城市家庭用户带宽实现 100Mbps 以上灵活选择；98% 的行政村实现光纤通达，有条件的地区提供 100Mbps 以上接入服务能力，半数以上农村家庭用户带宽实现 50Mbps 以上灵活选择；4G 网络覆盖城乡，网络提速降费取得显著成效。云计算数据中心和内容分发网络实现优化布局。国际网络布局能力显著增强，互联网国际出口带宽达到 20 太比特 / 秒（Tbps），通达全球主要国家和地区的高速信息网络基本建成，建成中国—东盟信息港、中国—阿拉伯国家等网上丝绸之路。北斗导航系统覆盖全球。有线、无线、卫星广播电视传输覆盖能力进一步增强，基本实现广播电视户户通。

信息经济全面发展。信息经济新产业、新业态不断成长，信息消费规模达到 6 万亿元，电子商务交易规模超过 38 万亿元，信息化和工业化融合发展水平进一步提高，重点行业数字化、网络化、智能化取得明显进展，网络化协同创新体系全面形成。打破信息壁垒和孤岛，实现各部门业务系统互联互通和信息跨部门跨层级共享共用，公共数据资源开放共享体系基本建立，面向企业和公民的一体化公共服务体系基本建成，电子政务推动公共服务更加便捷均等。电信普遍服务补偿机制进一步完善，网络扶贫成效明显，宽带网络覆盖 90% 以上的贫困村。

信息化发展环境日趋优化。网络空间法治化进程全面推进，网络空间法律法规体系日趋完善，与信息社会相适应的制度体系基本建成，网信领域军民深度融合迈上新台阶。信息通信技术、产品和互联网服务的国际竞争力明显增强，网络空间国际话语权大幅提升。网络内容建设工程取得积极进展，媒体数字化建设成效明显。网络违法犯罪行为得到有力打击，网络空间持续清朗。信息安全等级保护制度得到全面落实。关键信息基础设施得到有效防护，网络安全保障能力显著提升。

三、主攻方向（略）

四、重大任务和重点工程（略）

五、优先行动（节选）

（一）至（六）（略）

（七）网络扶贫行动

行动目标：到 2018 年，建立网络扶贫信息服务体系，试点地区基本实现网络覆盖、信息覆盖、服务覆盖；到 2020 年，完成对 832 个贫困县、12.8 万个贫困村的网络覆盖，电商服务通达乡镇，通过网络教育、网络文化、互联网医疗等帮助贫困地区群众提高文化素质、身体素质和就业能力。

实施网络覆盖工程。加快贫困地区互联网建设和应用步伐，鼓励电信企业积极承担社会责任，确保宽带进村入户与脱贫攻坚相向而行。加快推进贫困地区网络覆盖，深入落实提速降费，探索面向贫困户的网络资费优惠。加快安全可靠移动终端研发和生产应用，推动民族语言语音、视频技术和软件研发，降低少数民族使用移动终端和获取信息服务的语言障碍。

实施电商扶贫工程。鼓励电子商务企业面向农村地区推动特色农产品网上定制化销售、推动贫困地区农村特色产业发展，组织知名电商平台为贫困地区开设扶贫频道，建立贫困县名优特产品网络博览会。依托现有全国乡村旅游电商平台，发展“互联网＋旅游”扶贫，推进网上“乡村旅游后备箱工程”、“一村一品”产业建设专项行动。扶持偏远、特困地区的支付服务网络建设。加快建设完善贫困地区产品质量管理、信用和物流服务体系。

实施网络扶智工程。充分应用信息技术推动远程教育，促进优质教育资源城乡共享。加强对县、乡、村各级工作人员的职业教育和技能培训，丰富网络专业知识。支持大学生村官、“三支一扶”人员等基层服务项目参加人员和大学生返乡开展网络创业创新，提高贫困地区群众就业创业能力。

实施扶贫信息服务工程。逐步推进省级以下各级各部门涉农信息平台的“一站式”整合，建立网络扶贫信息服务体系，充分利用全国集中的扶贫开发信息系统以及社会扶贫信息服务平台，促进跨部门扶贫开发信息共享，使脱贫攻坚服务随时随地四通八达，扶贫资源因人因事随需配置。

实施网络公益工程。加快推进网络扶贫移动应用程序（APP）开发使用，宣传国家扶贫开发政策，丰富信息内容服务，普及农业科技知识，涵盖社交、商务、交通、医疗、教育、法律援助等行业应用。依托中国互联网发展基金会、中国扶贫志愿服务促进会等成立网络公益扶贫联盟，广泛动员网信企业、广大网民参与网络扶贫行动。构筑贫困地区民生保障网络系统，建设社会救助综合信息化平台，提供个性化、针对性强的社会救助服务。

（八）新型智慧城市建设行动

行动目标：到 2018 年，分级分类建设 100 个新型示范性智慧城市；到 2020 年，新型智慧城市建设取得显著成效，形成无处不在的惠民服务、透明高效的在线政府、融合创新的信息经济、精准精细的城市治理、安全可靠的运行体系。

分级分类推进新型智慧城市建设。围绕新型城镇化、京津冀协同发展、长江经济带发展等战略部署，根据城市功能和地理区位、经济水平和生活水平，加强分类指导，差别化施策，统筹各类试点示范。支持特大型城市对标国际先进水平，打造世界级智慧城市群。支持省会城市增强辐射带动作用，形成区域性经济社会活动中心。指导中等城市着眼城乡统筹，缩小数字鸿沟，促进均衡发展。推动小城镇发展智慧小镇、特色小镇，实现特色化、差异化发展。开展新型智慧城市评价，突出绩效导向，强化为民服务，增强人民群众在智慧城市建设中的获得感。探索可复制可推广的创新发展经验和建设运营模式，以点带面，以评促建，促进城镇化发展质量和水平全面提升。

打造智慧高效的城市治理。推进智慧城市时空信息云平台建设试点，运用时空信息大数据开展智慧化服务，提升城市规划建设和精细化管理服务水平。推动数字化城管平台建设和功能扩展，统筹推进城市规划、城市管网、园林绿化等信息化、精细化管理，强化城市运行数据的综合采集和管理分析，建立综合性城市管理数据库，重点推进城市建筑物数据库建设。以信息技术为支撑，完善社会治安防治防控网络建设，实现社会治安群防群治和联防联治，建设平安城市，提高城市治理现代化水平。深化信息化与安全生产业务融合，提升生产安全事故防控能力。建设面向城市灾害与突发事件的信息发布系统，提升突发事件应急处置能力。

推动城际互联互通和信息共享。以标准促规范，加快建立新型智慧城市建设标准体系，制定分级分类的基础性标准以及信息服务、互联互通、管理机制等关键环节标准。深化网络基础设施共建共享，把互联网、云计算等作为城市基础设施加以支持和布局，促进基础设施互联互通。

建立安全可靠的运行体系。加强智慧城市网络安全规划、建设、运维管理，研究制定城市网络安全评价指标体系。加快实施网络安全审查，对智慧城市建设涉及的重要网络和信息系统进行网络安全检查和风险评估，保证安全可靠运行。

（九）网上丝绸之路建设行动

行动目标：到2018年，形成与中东欧、东南亚、阿拉伯地区等有关国家的信息经济合作大通道，促进规制互认、设施互联、企业互信和产业互融；到2020年，基本形成覆盖“一带一路”沿线国家和地区重点方向的信息经济合作大通道，信息经济合作应用范围和领域明显扩大。

建设网上丝绸之路经济合作试验区。充分发挥地方积极性，鼓励国内城市与“一带一路”重要节点城市开展点对点合作，在各自城市分别建立网上丝绸之路经济合作试验区，推动双方在信息基础设施、智慧城市、电子商务、远程医疗、“互联网+”等领域开展深度合作。

支持建立国际产业联盟。充分发挥企业的积极性，支持我国互联网企业、科研院所与国外互联网企业及相关机构发起建立国际产业联盟，形成网上丝绸之路的“软实力”，加速我国互联网企业与境外企业的合作进程，推动建立跨国互联网产业投融资平台，主导信息经济领域相关规范的研究制定，将我国互联网产业的比较优势转化为全球信息经济的主导优势。

鼓励支持企业国际拓展。鼓励网信企业以共建电子商务交易平台、物流信息服务平台、在线支付服务平台等多种形式，构建新型信息经济国际合作平台，拓展平台设计、人才培育、创意推广、供应链服务等各类信息技术服务的国际市场，带动国际商品流通、交通物流提质增效。

（十）繁荣网络文化行动

行动目标：到2018年，网络文化服务在公共文化服务体系中的比重明显上升，传统媒体和新兴媒体融合发展水平明显提升；到2020年，形成一批拥有较强实力的新型媒体集团和网络文化企业，优秀网络文化产品供给和输出能力显著提升。

加快文化资源数字化进程。进一步推动文化信息资源库建设，深化文化信息资源的开发利用。继续实施全国文化信息资源共享工程、数字图书馆推广工程和公共电子阅览室建设计划。进一步实施公共文化资源网络开放，建设适合网络文化管理和社会公共服务的基础信息数据库群、数据综合管理与交换平台。实施网络文艺精品创作和传播工程，扶持优秀原创网络作品创作，支持优秀作品网络传播。扶持一批重点文艺网站。

推动传统媒体与新兴媒体融合发展。围绕建立立体多样、融合发展的网络文化传播机制和传播体系，研究把握现代新闻传播规律和新兴媒体发展规律，加快推动传统媒体和新兴媒体融合发展，推动各种媒介资源、生产要素有效整合，推动信息内容、技术应用、平台终端、人才队伍共享融通，着力打造一批形态多样、手段先进、具有竞争力的新型主流媒体，建成若干拥有强大实力和传播力公信力影响力的新型媒体集团。

加强网络文化阵地建设。加快国家骨干新闻媒体的网络化建设，做大做强中央主要新闻网站和地方重点新闻网站，培育具有国际影响力的现代传媒集团。推动多元网络文化产业发展与整合，培育一批创新能力强、专业素质高、具有国际影响力的网络文化龙头企业，增强优秀网络文化产品创新和供给能力。

大力发展网络文化市场。规范网络文化传播秩序，综合利用法律、行政、经济和行业自律等手段，完善网络文化服务准入和退出机制。加大网络文化执法力度，发展网络行业协会，推动网络社会化治理。大力培育网络文化知识产权，严厉打击网络盗版行为，提升网络文化产业输出能力。

（十一）在线教育普惠行动

行动目标：到 2018 年，“宽带网络校校通”、“优质资源班班通”、“网络学习空间人人通”取得显著进展；到 2020 年，基本建成数字教育资源公共服务体系，形成覆盖全国、多级分布、互联互通的数字教育资源云服务体系。

促进在线教育发展。建设适合我国国情的在线开放课程和公共服务平台，支持具有学科专业和现代教学技术优势的高等院校开放共享优质课程，提供全方位、高质量、个性化的在线教学服务。支持党校、行政学院、干部学院开展在线教育。

创新教育管理制度。推进在线开放课程学分认定和管理制度创新，鼓励高等院校将在线课程纳入培养方案和教学计划。加强对在校教师和技术人员开展在线课程建设、课程应用以及大数据分析等方面培训。

缩小城乡学校数字鸿沟。完善学校教育信息化基础设施建设，基本实现各级各类学校宽带网络全面覆盖、网络教学环境全面普及，通过教育信息化加快优质教育资源向革命老区、民族地区、边远地区、贫困地区覆盖，共享教育发展成果。

加强对外交流合作。运用在线开放课程公共服务平台，推动国际科技文化交流，优先引进前沿理论、工程技术等领域的优质在线课程。积极推进我国大规模在线开放课程（慕课）走出去，大力弘扬中华优秀传统文化。

（十二）健康中国信息服务行动

行动目标：到 2018 年，信息技术促进医疗健康服务便捷化程度大幅提升，远程医疗服务体系基本形成；到 2020 年，基于感知技术和产品的新型健康信息服务逐渐普及，信息化对实现人人享有基本医疗卫生服务发挥显著作用。

打造高效便捷的智慧健康医疗便民惠民服务。实施国民电子健康信息服务计划，完善基于新型信息技术的互联网健康咨询、预约分诊、诊间结算、移动支付和检验检查结果查询、随访跟踪等服务，为预约患者和预约转诊患者优先安排就诊，全面推行分时段预约。

全面推进人口健康信息服务体系。全面建成统一权威、互联互通的人口健康信息平台，强化公共卫生、计划生育、医疗服务、医疗保障、药品供应、综合管理等应用信息系统数据集成、集成共享和业务协同，基本实现城乡居民拥有规范化的电子健康档案和功能完备的健康卡。实施健康中国云服务计划，构建健康医疗服务集成平台，提供远程会诊、远程影像、病理结果、心电诊断服务，健全检查检验结果互认共享机制。运用互联网手段，提高重大疾病和突发公共卫生事件应急能力，建立覆盖全国医疗卫生机构的健康传播和远程教育视频系统。完善全球公共卫生风险监测预警决策系统，建立国际旅行健康网络，为出入境人员提供旅行健康安全保障服务。

促进和规范健康医疗大数据应用。推进健康医疗临床和科研大数据应用，加强疑难疾病等重点方面的研究，推进基因芯片和测序技术在遗传性疾病诊断、癌症早期诊断和疾病预防检测中的应用，推动精准医疗技术发展。推进公共卫生大数据应用，全面提升公共卫生监测评估和决策管理能力。推动健康医疗相关的人工智能、生物三维打印、医用机器人、可穿戴设备以及相关微型传感器等技术和产品在疾病预防、卫生应急、健康保健、日常护理中的应用，推动由医疗救治向健康服务转变。

六、政策措施

（一）完善法律法规，健全法治环境

完善信息化法律框架，统筹信息化立法需求，优先推进电信、网络安全、密码、个人信息保护、电子商务、电子政务、关键信息基础设施等重点领域相关立法工作。加快推动政府数据开放、互联网信息服务管理、数据权属、数据管理、网络社会管理等相关立法工作。完善司法解释，推动现有法律延伸适用到网络空间。理顺网络执法体制机制，明确执法主体、执法权限、执法标准。加强部门信息共享与执法合作，创新执法手段，形成执法合力。提高全社会自觉守法意识，营造良好的信息化法治环境。

（二）创新制度机制，优化市场环境

加大信息化领域关键环节市场化改革力度，推动建立统一开放、竞争有序的数字市场体系。加快开放社会资本进入基础电信领域竞争性业务，形成基础设施共建共享、业务服务相互竞争的市场格局。健全并强化竞争性制度和政策，放宽融合性产品和服务准入限制，逐步消除新技术、新业务进入传统领域的壁垒，最大限度激发微观活力。建立网信领域市场主体准入前信用承诺制度，推动电信和互联网等行业外资准入改革，推动制定新兴行业监管标准，建立有利于信息化创新业务发展的行业监管模式。积极运用大数据分析等技术手段，加强对互联网平台企业、小微企业的随机抽查等事中事后监管，实施企业信用信息依法公示、社会监督和失信联合惩戒。推动建立网信领域信用管理机制，建立诚信档案、失信联合惩戒制度，加强网络资费行为监管，严格查处市场垄断行为。

（三）开拓投融资渠道，激发发展活力

综合运用多种政策工具，引导金融机构扩大对信息化企业信贷投放。鼓励创业投资、股权投资等基金积极投入信息化发展。规范有序开展互联网金融创新试点，支持小微企业发展。推进产融结合创新试点，探索股权债权相结合的融资服务。深化创业板改革，支持符合条件的创新型、成长型互联网企业上市融资，研究特殊股权结构的境外上市企业在境内上市的制度政策。鼓励金融机构加强产品和服务创新，在风险可控的前提下，加大对信息化重点领域、重大工程和薄弱环节的金融支持。积极发展知识产权质押融资、信用保险保单融资增信等新型服务，支持符合条件的信息通信类高新企业发行公司债券和非金融企业债务融资工具筹集资金。在具有战略意义、投资周期长的重点领域，积极探索政府和社会资本合作（PPP）模式，建立重大信息化工程 PPP 项目库，明确风险责任、收益边界，加强绩效评价，推动重大信息化工程项目可持续运营。

（四）加大财税支持，优化资源配置

完善产业投资基金机制，鼓励社会资本发起设立产业投资基金，重点引导基础软件、基础元器件、集成电路、互联网等核心领域产业投资基金发展。创新财政资金支持方式，统筹现有国家科技计划（专项、基金等），按规定支持关键核心技术研发和重大技术试验验证。强化中央财政资金的引导作用，完善政府采购信息化服务配套政策，推动财政支持从补建设环节向补运营环节转变。符合条件的企业，按规定享受相关税收优惠政策；落实企业研发费用加计扣除政策，激励企业增加研发投入，支持创新型企业发展。

（五）着力队伍建设，强化人才支撑

建立适应网信特点的人才管理制度，着力打破体制界限，实现人才的有序顺畅流动。建立完善科研成果、知识产权归属和利益分配机制，制定人才入股、技术入股以及税收等方面的支持政策，提高科研人员特别是主要贡献人员在科技成果转化中的收益比例。聚焦信息化前沿方向和关键领域，依托国家“千人计划”等重大人才工程和“长江学者奖励计划”等人才项目，加快引进

信息化领军人才。开辟专门渠道，实施特殊政策，精准引进国家急需紧缺的特殊人才。加快完善外国人才来华签证、永久居留制度。建立网信领域海外高端人才创新创业基地，完善配套服务。建立健全信息化专家咨询制度，引导构建产业技术创新联盟，开展信息化前瞻性、全局性问题研究。推荐信息化领域优秀专家到国际组织任职。支持普通高等学校、军队院校、行业协会、培训机构等开展信息素养培养，加强职业信息技能培训，开展农村信息素养知识宣讲和信息化人才下乡活动，提升国民信息素养。

(六)优化基础环境，推动协同发展

完善信息化标准体系，建立国家信息化领域标准化工作统筹推进机制，优化标准布局，加快关键领域标准制修订工作，提升标准实施效益，增强国际标准话语权。加强知识产权运用和保护，制定融合领域关键环节的专利导航和方向建议清单，鼓励企业开展知识产权战略储备与布局；加快推进专利信息资源开放共享，鼓励大型信息服务企业和制造企业建立交叉交换知识产权池；建立知识产权风险管理体系，健全知识产权行政执法与司法保护优势互补、有机衔接的机制，提高侵权代价和违法成本。健全社会信用体系，加强各地区、各部门信用信息基础设施建设，推进信用信息平台无缝对接，全面推行统一的社会信用代码制度，构建多层次的征信和支付体系；加强分享经济等新业态信用建设，运用大数据建立以诚信为核心的新型市场监管机制。加快研究纳入国民经济和社会发展统计的信息化统计指标，建立完善信息化统计监测体系。

七、组织实施

各地区、各部门要进一步提高思想认识，在中央网络安全和信息化领导小组的统一领导和统筹部署下，把信息化工作提上重要日程，加强组织领导，扎实开展工作，提高信息化发展的整体性、系统性和协调性。中央网信办、国家发展改革委负责制定规划实施方案和年度工作计划，统筹推进各项重大任务、重点工程和优先行动，跟踪督促各地区、各部门的规划实施工作，定期开展考核评估并向社会公布考评情况。各有关部门要按照职责分工，分解细化任务，

明确完成时限，加强协调配合，确保各项任务落地实施。地方各级人民政府要加强组织实施，落实配套政策，结合实际科学合理定位，扎实有序推动信息化发展。各地区、各部门要进一步强化责任意识，建立信息化工作问责制度，对工作不力、措施不实、造成严重后果的，要追究有关单位和领导的责任。

中央网信办、国家发展改革委要聚焦重点行业、重点领域和优先方向，统筹推进信息化试点示范工作，组织实施一批基础好、成效高、带动效应强的示范项目，防止一哄而起、盲目跟风，避免重复建设。各地区、各有关部门要发挥好试点示范作用，坚持以点带面、点面结合，边试点、边总结、边推广，推动信息化发展取得新突破。

附录三

中国科协关于加强科普信息化建设的意见

科协发普字〔2014〕90号　　发布日期：2014年12月10日

为全面推进《全民科学素质行动计划纲要（2006—2010—2020年）》实施，大力提升我国科学传播能力，切实提高国家科普公共服务水平，实现我国公民科学素质的跨越提升，服务于创新驱动发展、全面建成小康社会，现就加强科普信息化建设提出如下意见。

一、科普信息化是推动科普创新发展的深刻变革

（一）科普信息化是应用现代信息技术带动科普升级的必然趋势。当今世界，以数字化、网络化、智能化为标志的信息技术革命日新月异，互联网日益成为创新驱动发展的先导力量，深刻改变着人们的生产生活，有力推动着社会发展，对国际政治、经济、文化、社会等领域发展产生深刻影响。信息化和经济全球化相互促进，带来信息的爆炸式增长，以及传播表达方式的多样性，使科学传播变得无比高效、方便快捷和充满乐趣，云计

算、大数据等现代信息技术的应用，使泛在、精准、交互式的科普服务成为现实。信息化日益成为科普创新驱动发展的先导力量，成为引领科普现代化的技术支撑，要做好科普信息化建设，必须弘扬“开放、共享、协作、参与”的互联网精神，充分运用先进信息技术，有效动员社会力量和资源，丰富科普内容，创新表达形式，通过多种网络便捷传播，利用市场机制，建立多元化运营模式，满足公众的个性化需求，提高科普的时效性和覆盖面，这是科普适应信息社会发展的必然要求。

（二）科普信息化是实现全民科学素质跨越提升的强力引擎。我国正处在实施创新驱动发展战略、全面建成小康社会的关键时期和攻坚阶段，正在由要素驱动、投资驱动转向创新驱动，正在经历一场深刻的体制机制和发展方式的变革。创新驱动发展的关键是科技创新，基础在全民科学素质。要支撑“两个一百年”、创新驱动发展战略、全面建成小康社会等目标的实现，到 2020 年我国公民具备基本科学素质的比例必须超过 10%。要实现我国公民科学素质建设的这个发展目标，任务十分艰巨，必须通过加强科普信息化建设，借助信息技术和手段大幅快速提升我国科普服务能力，才能有效满足信息时代公众日益增长和不断变化的科普服务需求，才能为实现全民科学素质的快速提升提供强劲动力。

（三）科普信息化是对传统科普的全面创新。科普信息化不仅体现在技术层面，更关键、更重要的是科普理念到行为方式的彻底转变，即从单向、灌输式的科普行为模式，向平等互动、公众参与式的科普行为模式的彻底转变；从单纯依靠专业人员、长周期的科普创作模式，向专业人员与受众结合、实时性的科普创作模式的彻底转变；从方式单调、呆板的科普表达形态，向内容更加丰富、形式生动的科普表达形态的彻底转变；从科普受众泛化、内容同质化的科普服务模式，向受众细分、个性精准推送的科普服务模式的彻底转变；从政府推动、事业运作的科普工作模式，向政策引导、社会参与、市场运作的科普工作模式的彻底转变。由此，科普信息化建设必须强化互联网思维，坚持需求导向，着力科普信息内容和传播渠道建设、着力科普信息资源的传播应用、着力科普信息化建设社会动员和保障机制的建立完善，融合发展，精准发力。

二、借助信息化技术手段，丰富科普内容，创新传播方式

（四）聚焦科普需求丰富科普内容。运用现代信息化手段，可使科普内容更加丰富、形象、生动，满足不同受众的多样化、个性化的需求，使科普更具观赏性、趣味性和感染力。各级科协及所属学会要把满足公众的科普需求和创新驱动发展对科普的需求作为主要任务。要充分发挥科学传播专家团队等广大科技工作者、科普工作者的作用，借助先进信息技术手段，贴近实际、贴近生活、贴近群众，围绕公众关注的卫生健康、食品安全、低碳生活、心理关怀、应急避险、生态环境、反对愚昧迷信等热点和焦点问题，大力普及科学知识，及时解疑释惑。要把青少年作为科普服务的首要对象，科学传播要把握科技发展脉动，紧盯科技创新趋势，让青少年的目光看到人类进步的最前沿，展开想象的翅膀，树立追求科学、追求进步的志向，点燃中华民族的科学梦想。中国科协将借助大数据，建立公众科普需求报告发布制度。

（五）创新科普表达和传播形式。科普创作、科普创意是实现科普表达的基本方式，各级科协及所属学会要结合区域特点，充分发挥科普作家、科学传播专家团队、社会公众等各方面力量的作用，发挥在科普创作方面的优势，顺应信息社会科学传播视频化、移动化、社交化、游戏化等发展趋势，综合运用图文、动漫、音视频、游戏、虚拟现实等多种形式，实现科普从可读到可视、从静态到动态、从一维到多维、从一屏到多屏、从平面媒体到全媒体的融合转变。强化科普与艺术、人文融合，充分运用群众喜闻乐见的电影、动漫等形式，充分运用形象化、人格化、故事化、情感化等创作方法，增强科普作品的吸引力。充分动员科普专业机构、科技社团、科研机构、教育机构、企业、网络科学传播意见领袖等生产和上传科普信息资源，推出更多的有知有趣有用的科普精品。

（六）运用多元化手段拓宽科学传播渠道。各级科协及所属学会要牢固树立借助为主、自建为辅的科学传播渠道建设理念，充分利用和借助现有传播渠道开展科学传播。加强与互联网企业等专业机构的合作，充分发挥中国数字科技馆等科普网站的作用，拓宽网络特别是移动互联网科学传播渠道，运用微

博、微信、社交网络等开展科学传播，让科学知识在网上流行。加强与电视台、广播电台等大众传媒机构的合作，充分发挥广播、电视等现有覆盖面广、影响力大的传统信息传播渠道作用，建设科普栏目，传播科普内容。积极推动与车站、地铁、机场、电影院线等公共服务场所以及移动服务运营商、移动设备制造商的合作，将科普游戏、科普移动客户端、科普视频等优质科普内容作为公益性的增值服务提供给公众。

（七）强化科普信息的精准推送服务。各级科协及所属学会要依托大数据、云计算等技术手段，采集和挖掘公众需求数据，做好科普需求跟踪分析，针对本地区、本渠道科普受众群体的需求，通过科普电子读本定向分发、手机推送、电视推送、广播推送、电影院线推送、多媒体视窗推送等定制性传播方式，定向、精准地将科普文章、科普视频、科普微电影、科普动漫等科普信息资源送达目标人群，满足公众对科普信息的个性化需求。

三、联合集成，协同推进，推动科普信息化建设机制创新

（八）充分运用市场机制，创新科普运营模式。有效利用市场机制和网络优势，充分利用社会力量和社会资源开展科普创作和传播，是科普运营模式的重大创新。各级科协及所属学会要积极争取将科普信息化建设纳入本地公共服务政府采购范畴，充分发挥市场配置资源的决定性作用，依托社会各方力量，创新和探索建立政府与社会资本合作、互利共赢、良性互动、持续发展的科普服务产品供给新模式。中国科协会同财政部等有关部门、社会各方面大力推动实施科普信息化建设工程，充分依托现有企业和社会机构，借助现有信息服务平台，统筹协调各方力量，融合配置社会资源，建立完善科普信息服务平台和服务机制，细分科普对象，提供精准的科普服务产品，泛在满足公众多样性、个性化获取科普信息的要求，引导和牵动我国科普信息化建设水平的快速提升。

（九）集成创新，大力推动信息化与传统科普的深度融合。各级科协及所属学会要将信息化与传统科普活动紧密结合，大力推动信息技术和手段在科普中的广泛深入应用，积极探索融合创新模式。借助或打造科普活动在线平台，通过二维码等方式引导公众便捷参与，设置科普活动自媒体公众账号，开展微

博、微信提问，微视直播，现场访谈线上互动等活动，促进科普活动线上线下结合。积极组织和动员科技类博物馆、科普大篷车、科普教育基地、科普服务站等，积极主动地利用现有科普信息平台获取适合的科普信息资源，加强线上科普信息资源的线下应用，丰富科普内容和形式；同时，推动和支持运用虚拟现实、全息仿真等信息技术手段，实现在线虚拟漫游和互动体验，把科普活动搬上网络。积极推动传统科普媒体与新兴媒体在内容、渠道、平台、经营、管理等方面的深度融合，实现包括纸质出版、互联网平台、手机平台、手持阅读器等终端在内的多渠道全媒体传播。

（十）建立完善审核把关机制，强化科普传播内容的科学性和权威性。科学性是科普的灵魂，各级科协及所属学会要充分发挥好自身优势，坚持“内容为王”，建立专家审核和公众纠错结合的科学传播内容审查机制，加强对上传和传播科普内容的审核。中国科协将协同社会各方面共同塑造我国科普信息化建设的品牌——“科普中国”，研究制定科普信息化标准规范，加大科普信息产品研发与推荐评介，建立完善科学传播舆情实时监测、快速反应、绩效评价等机制。

（十一）完善社会动员和激励机制，营造大联合大协作的科普局面。各级科协及所属学会要充分调动公众积极性，建立包括认证、考核、监督、评价、奖励为一体的激励机制，通过虚拟动员、荣誉评级、网络微动员等方式，吸引公众通过用户生成内容共同进行信息化科普传播内容创作，形成专家和公众共同参与的信息化科普内容共建机制，推进原创科普内容的产生，让广大公众成为科普内容的受益者、传播者和建设者。要广泛动员社会参与，激发社会机构、企业参与科普信息化建设的积极性，进一步建立完善大联合大协作的科普公共服务机制，最大限度地扩大科学传播的覆盖面，实现科普服务的良性循环和自我发展。

四、加强管理，强化应用，确保科普信息化建设落到实处

（十二）加强领导，统筹协调。各级科协要把科普信息化建设作为科普工作服务创新驱动发展、全面建成小康社会的重要任务，推动将其纳入本地区

经济与社会发展长期规划，因地制宜制定本地区科普信息化建设规划。各级学会、科普机构要将科普信息化建设纳入自身科普能力建设的重要议事日程。中国科协建立科普信息化建设领导小组和专家指导委员会，领导和指导推动科普信息化建设，研究决定科普信息化建设的发展战略、宏观规划和重大政策，统筹协调科普信息化的重大问题。

（十三）因地制宜，深度应用。省级以上科协及所属学会在建设科普内容的同时，要充分发挥组织优势，通过自身的传播渠道和科普活动，主动传播和积极使用科普信息资源。省级以下科协及所属学会、各类科普机构要以科普信息资源应用为主，鼓励有条件的组织和单位生产科普信息资源，避免低水平的重复建设，通过信息化与传统科普相结合的方式，动员组织农技协、社区科普大学、社区科普协会、科普小组、科普服务站和科普志愿者组织等主动获取符合当地需求的科普信息资源，面向本地区、本渠道科普受众群体进行广泛传播，促进科普信息资源的广泛深度应用。

（十四）加大投入，强化基础。各级科协及所属学会要加大科普信息资源和传播渠道的统筹整合，积极争取政府和社会各方的支持，加大对科普信息化建设的投入。加强科普信息化专门人才队伍建设，特别是高层次专门人才和基层实用人才的培养，逐步完善人才队伍的培养、管理与保障制度。建立完善以公众关注度为科学传播绩效评价标准的评价体系。加强科普信息化建设理论与实践研究，总结推广经验，对在科普信息化建设工作中的优秀组织和个人进行激励表扬。

附录四

教育信息化十年发展规划（2011—2020年）（节选）

教技〔2012〕5号　　发布日期：2012年3月13日

第一部分　总体战略

第一章　现状与挑战（略）

第二章　指导思想和工作方针（略）

第三章　发展目标

到2020年，全面完成《教育规划纲要》所提出的教育信息化目标任务，形成与国家教育现代化发展目标相适应的教育信息化体系，基本建成人人可享有优质教育资源的信息化学习环境，基本形成学习型社会的信息化支撑服务体系，基本实现所有地区和各级各类学校宽带网络的全面覆盖，教育管理信息化水平显著提高，信息技术与教育融合发展的水平显著提升。教育信息化整体上接近国际先进水平，对教育改革和发展的支撑与引领作用充分显现。

基本建成人人可享有优质教育资源的信息化学习环

境。各级各类教育的数字资源日趋丰富并得到广泛共享，优质教育资源公共服务平台逐步建立，政府引导、多方参与、共建共享的资源建设机制不断完善，数字鸿沟显著缩小，人人可享有优质教育资源的信息化环境基本形成。

基本形成学习型社会的信息化支撑服务体系。充分发挥政府、学校和社会力量的作用，面向全社会不同群体的学习需求建设便捷灵活和个性化的学习环境，终身学习和学习型社会的信息化支撑服务体系基本形成。

基本实现宽带网络的全面覆盖。充分依托公共通信资源，地面网络与卫星网络有机结合，超前部署覆盖城乡各级各类学校和教育机构的教育信息网络，实现校校通宽带，人人可接入。

教育管理信息化水平显著提高。进一步整合和集成教育管理信息系统，建设覆盖全国所有地区和各级各类学校的教育管理信息体系，教育决策与社会服务水平显著提高，学校管理信息化应用广泛普及。

信息技术与教育融合发展的水平显著提升。充分发挥现代信息技术独特优势，信息化环境下学生自主学习能力明显增强，教学方式与教育模式创新不断深入，信息化对教育变革的促进作用充分显现。

第二部分　发展任务

为实现教育信息化发展目标，统筹规划、整体部署教育信息化发展任务。通过优质数字教育资源共建共享、信息技术与教育全面深度融合、促进教育教学和管理创新，助力破解教育改革和发展的难点问题，促进教育公平、提高教育质量、建设学习型社会；通过建设信息化公共支撑环境、增强队伍能力、创新体制机制，解决教育信息化发展的重点问题，实现教育信息化可持续发展。

第四章　缩小基础教育数字鸿沟，促进优质教育资源共享

基础教育信息化是提高国民信息素养的基石，是教育信息化的重中之重。以促进义务教育均衡发展为重点，以建设、应用和共享优质数字教育资源为手段，促进每一所学校享有优质数字教育资源，提高教育教学质量；帮助所有适龄儿童和青少年平等、有效、健康地使用信息技术，培养自主学习、终身学习

能力。

缩小数字化差距。结合义务教育学校标准化建设，针对基础教育实际需求，提高所有学校在信息基础设施、教学资源、软件工具等方面的基本配置水平，全面提升应用能力。促进所有学校师生享用优质数字教育资源，开足开好国家课标规定课程，推进民族地区双语教育。重点支持农村地区、边远贫困地区、民族地区的学校信息化和公共服务体系建设。努力缩小地区之间、城乡之间和学校之间的数字化差距。

推进信息技术与教学融合。建设智能化教学环境，提供优质数字教育资源和软件工具，利用信息技术开展启发式、探究式、讨论式、参与式教学，鼓励发展性评价，探索建立以学习者为中心的教学新模式，倡导网络校际协作学习，提高信息化教学水平。逐步普及专家引领的网络教研，提高教师网络学习的针对性和有效性，促进教师专业化发展。

培养学生信息化环境下的学习能力。适应信息化和国际化的要求，继续普及和完善信息技术教育，开展多种方式的信息技术应用活动，创设绿色、安全、文明的应用环境。鼓励学生利用信息手段主动学习、自主学习、合作学习；培养学生利用信息技术学习的良好习惯，发展兴趣特长，提高学习质量；增强学生在网络环境下提出问题、分析问题和解决问题的能力。

第五章　加快职业教育信息化建设，支撑高素质技能型人才培养（略）

第六章　推动信息技术与高等教育深度融合，创新人才培养模式（略）

第七章　构建继续教育公共服务平台，完善终身教育体系

继续教育信息化是建设终身学习体系的重要支撑。构建继续教育公共服务平台，推进开放大学建设，面向全社会提供服务，为学习者提供方便、灵活、个性化的信息化学习环境，促进终身学习体系和学习型社会建设。

推进继续教育数字资源建设与共享。建立继续教育数字资源建设规范和网络教育课程认证体系。探索国家继续教育优质数字资源公共服务平台的建设模

式和运营机制，鼓励建设各类继续教育优质数字资源库。充分利用包括有线电视网在内的公共通信网络，积极推动教育资源进家庭。推动建立优质数字教育资源的共建共享机制，为全社会各类学习者提供优质数字教育资源。

加快信息化终身学习公共服务体系建设。持续发展高等学校网络教育，采用信息化手段完善成人函授教育和高等教育自学考试，探索中国特色高水平开放教育模式。根据现代远程教育发展和学习型社会建设的需要，探索开放大学信息化支撑平台建设模式，加强继续教育机构的信息化建设，建立遍及城乡的一站式、多功能开放学习中心，促进终身学习公共服务体系建设。

加强继续教育公共信息管理与服务平台建设。完善继续教育“学分银行”制度，探索相关信息系统与支撑平台建设与运行模式，建设支持终身学习的继续教育考试与评价、质量监管体系，形成继续教育公共信息管理与服务平台，为广大学习者提供个性化学习服务，为办学、管理及相关机构开展继续教育提供服务。

第八章　整合信息资源，提高教育管理现代化水平（略）

第九章　建设信息化公共支撑环境，提升公共服务能力和水平

信息化公共支撑环境包括教育信息网络、国家教育云服务平台、优质数字教育资源与共建共享环境、教育信息化标准体系、教育信息化公共安全保障体系等，是全国教育机构和相关人员开展各级各类教育信息化应用的公共支撑。建设信息化公共支撑环境，为青少年学生提供健康的信息化学习环境，支撑以学习者为中心的学习模式，为培养创新型人才提供高性能信息化教学科研环境，为构建学习型社会奠定重要基础。

完善教育信息网络基础设施。加快中国教育和科研计算机网（CERNET）、中国教育卫星宽带传输网（CEBSat）升级换代，不断提升技术和服务水平。充分利用现有公共通信传输资源，实现全国所有学校和教育机构宽带接入。根据国家互联网发展战略要求率先实现向下一代互联网的过渡。探索国家公益性网络的可持续发展机制。

建立国家教育云服务模式。充分整合现有资源，采用云计算技术，形成资源配置与服务的集约化发展途径，构建稳定可靠、低成本的国家教育云服务模

式。面向全国各级各类学校和教育机构，提供公共存储、计算、共享带宽、安全认证及各种支撑工具等通用基础服务，支撑优质资源全国共享和教育管理信息化。

建立优质数字教育资源和共建共享环境。遵循相关标准规范，建立国家、地方、教育机构、师生、企业和其他社会力量共建共享优质数字教育资源的环境，提供优质数字教育资源信息服务；建设并不断更新满足各级各类教育需求的优质数字资源，开发深度融入学科教学的课件素材、制作工具，完善各种资源库，建设优质网络课程和实验系统、虚拟实验室等，促进智能化的网络资源与人力资源结合。坚持政府引导，鼓励多方参与投入建设，发挥多方优势，逐步形成政府购买公益服务与市场提供个性化服务相结合的资源共建共享机制，减少低水平重复开发，实现最大范围的开放共享；提高数字教育资源对教育教学模式改革创新的支持能力和水平，支持偏远地区、少数民族地区、经济欠发达地区和薄弱学校享用优质的教育资源服务。

完善教育信息化标准体系。加强教育信息化标准化工作和队伍建设。制定相关政策措施，形成标准测试、认证、培训、宣传和应用推广保障机制。加快标准制订步伐，完善教育信息化国家标准和行业标准体系，提高标准的采标率，促进资源共建共享和软硬件系统互联互通。

建立教育信息化公共安全保障环境。加强基础设施设备和信息系统的安全防范措施，不断提高对恶意攻击、非法入侵等的预防和应急响应能力，保证基础设施设备和信息系统稳定可靠运行。采取有效的内容安全防护措施，防止有害信息传播。探索建立安全绿色信息化环境的保障体系和管理机制。

第十章　加强队伍建设，增强信息化应用与服务能力（略）

第十一章　创新体制机制，实现教育信息化可持续发展

科学、规范的体制机制是实现教育信息化可持续发展的根本保障。通过体制改革确立教育信息化工作的重要地位，通过机制创新调动社会各方面力量参与教育信息化建设的积极性，多方协同推进教育信息化，促进教育信息化建设与应用的持续健康发展。

创新优质数字教育资源共建共享机制。按照政府引导、多方参与、共建共

享的原则，制订数字教育资源建设与共享的基本标准，建立数字教育资源评价与审查制度；政府资助引领性资源的开发和应用推广，购买基础性优质数字教育资源提供公益性服务；支持校际间网络课程互选及资源共建共享活动；鼓励企业和其他社会力量投入数字教育资源建设、提供个性化服务；创建用户按需购买产品和服务的机制，形成人人参与建设、不断推陈出新的优质数字教育资源共建共享局面。

建立教育信息化技术创新和战略研究机制。将教育信息化技术及装备研发与应用纳入国家科技创新体系，建成一批国家级、省部级教育信息化技术创新、产品中试及推广基地，推动技术创新和成果转化、应用；设立教育信息化科研专项，深入研究解决我国教育信息化发展领域的重大问题和核心共性技术。建立一批教育信息化战略研究机构，为教育信息化发展战略制定、政策制定和建设实施提供咨询与参考。

建立教育信息化产业发展机制。积极吸引企业参与教育信息化建设，引导产学研用结合，推动企业技术创新，促进形成一批支持教育信息化健康发展、具有市场竞争力的骨干企业；营造开放灵活的合作环境，推动校企之间、区域之间、企业之间广泛合作。

推动教育信息化国际交流与合作。加强国际交流，参与教育信息化相关国际组织活动，参与国际标准制订，学习借鉴国外先进理念，学习引进国外优质数字教育资源和先进技术，缩小与国际先进水平的差距；利用信息化手段加强各级各类教育机构和学校在人才培养、科学研究等方面的国际合作。

改革教育信息化管理体制，建立健全教育信息化管理与服务体系。在各级教育行政部门和各级各类学校明确信息化发展任务与管理职责，改革调整现行管理体制，完善技术支持服务体系，建立与教育信息化发展需要相适应的统筹有力、权责明确的教育信息化管理体制和高效实用的运行机制。

第三部分　行动计划

为实现国家教育信息化规划目标，完成发展任务，着重解决国家教育信息化全局性、基础性、领域共性重大问题，实施“中国数字教育 2020”行动计划，在优质资源共享、学校信息化、教育管理信息化、可持续发展能力与信息化基础能力等五个方面，实施一批重点项目，取得实质性重要进展。2012—2015 年，初步解决教育信息化发展中的重大问题，基本形成与国家教育现代化发展目标相适应的教育信息化体系；2016—2020 年，根据行动计划建设进展、教育改革发展实际需求和教育信息化自身发展状况，确定各行动的建设重点与阶段目标。

第十二章　优质数字教育资源建设与共享行动

实施优质数字教育资源建设与共享是推进教育信息化的基础工程和关键环节。到 2015 年，基本建成以网络资源为核心的教育资源与公共服务体系，为学习者可享有优质数字教育资源提供方便快捷服务。

建设国家数字教育资源公共服务平台。建设教育云资源平台，汇聚百家企事业单位、万名师生开发的优秀资源。建设千个网上优质教育资源应用交流和教研社区，生成特色鲜明、内容丰富、风格多样的优质资源。提供公平竞争、规范交易的系统环境，帮助所有师生和社会公众方便选择并获取优质资源和服务，实现优质资源共享和持续发展。

建设各级各类优质数字教育资源。针对学前教育、义务教育、高中教育、职业教育、高等教育、继续教育、民族教育和特殊教育的不同需求，建设 20000 门优质网络课程及其资源，遴选和开发 500 个学科工具、应用平台和 1500 套虚拟仿真实训实验系统。整合师生需要的生成性资源，建成与各学科门类相配套、动态更新的数字教育资源体系。建设规范汉字和普通话及方言识别系统，集成各民族语言文字标准字库和语音库。

建立数字教育资源共建共享机制。制订数字教育资源技术与使用基本标准，制订资源审查与评价指标体系，建立使用者网上评价和专家审查相结合的资源评价机制；采用引导性投入，支持资源的开发和应用推广；制定政府购买优质数字教育资源与服务的相关政策，支持使用者按需购买资源与服务，鼓励企业和其他社会力量开发数字教育资源、提供资源服务。建立起政府引导、多方参与的资源共建共享机制。

第十三章　学校信息化能力建设与提升行动（略）

第十四章　国家教育管理信息系统建设行动（略）

第十五章　教育信息化可持续发展能力建设行动（略）

第十六章　教育信息化基础能力建设行动（略）

第四部分　保障措施（略）

附录五 “十三五”国家科普和创新文化建设规划（节选）

国科发改〔2017〕136号　　发布日期：2017年5月8日

一、形势与需求（略）

二、指导思想与发展目标（略）

三、重点任务（节选）

根据指导思想和发展目标，“十三五”期间重点开展以下任务：

（一）提升重点人群科学素质（略）

（二）加强科普基础设施建设（略）

（三）提高科普创作研发传播能力

实施科普创作研发提升工程，综合运用政府鼓励、市场激励等手段，激发创作研发活力，推出一批高水平、高品质、多元化的科普作品和产品。实施科技传播能力提升工程，加强科技传播体系建设，充分激发传统媒体的科技传播活力，大力推进新媒体、自媒体等基于移动互联的“互联网+科普”新技术、新形式的运用，拓展科学技术普及速度、广度、深度，满足社会、公众对生产、生活中相关知识的迫切需求。

1. 提升科普原创能力。加强科普创作人才培养，推动科研人员和文艺工作者的跨界合作。以多元化投资和市场化运作的方式，加大对优秀科普原创作品以及科普创作重要选题的资助，产生一批水平高、社会影响力大的国产原创科普精品。制定科幻创作支持措施，推动我国科幻作品创作与生产进入国际一流水平。支持科普游戏开发，加大传播推广力度。开展全国优秀科普作品、影视、微视频、微电影、动漫的评选推介等活动，推动优秀作品在广播电台、电视台、院线、科普场馆、门户网站等进行播放，扩大科普作品的影响力。以作品征集、推介、评奖等方式，加大对优秀原创科普作品的扶持、奖励力度，激发社会各界人士从事科普作品创作的热情。

2. 增强展品研发能力。鼓励科普机构、科研机构、产学研中心等建立科普产品研发中心，提高科普产品的原始创新能力。建设一批科普影视、科普出版、科普动漫、科普创意等科普创作、研发示范试点。着力增强产品研发团队的能力建设，推动最新科技创新成果向科普产品的转化，支持科普展品（展教具）的研究开发，引导社会力量投身科普展教品研发工作。

3. 提升传统媒体传播力度。引导中央及地方主要新闻媒体加大科普宣传力度，加强科普宣传载体建设，继续发挥好广播电视的传播作用，制作播出贴近生活、丰富多彩、形式多样的科普节目，打造吸引力强、参与度高、受众面广的科普品牌栏目。促进出版单位增加各类科普出版物的品种，提高质量，扩大发行量，综合类和行业类报纸、期刊杂志增加科普栏目的数量和版面。推动各类大众传播机构参与科普作品的创作与制作，加大对重大科技成果、事件、人物及社会热点的宣传力度。

4. 推进科普信息化建设。促进信息技术与科技教育、科普活动融合发展，实现科普理念、科普内容、传播方式、运行和运营等服务模式的不断创新。重视“互联网+科普”科技传播，以科普的内容信息、服务云、传播网络、应用端为核心，构建科普信息化服务体系。创新基于互联网的科普传播方式和载体，充分发挥微博、微信、移动客户端APP等新媒体即时、快速、便捷的传播优势，提高科学传播的吸引力和渗透力。开发一批内容健康、形式活泼、高科技含量的网络科普产品，大力发展网络虚拟科普、数字科普。鼓励和支持重点门户网站、政府网站和新闻网站开设科普专栏，建设网上科普展厅，培育和扶植若干吸引力强的品牌科普网站，促进网站之间开展科技传播交流与合作，提升网络科学传播广度和深度。

5. 创新科学传播方式。创新科普讲解方式，提升科普讲解水平，增强科学体验效果。借助信息技术、特别是互联网技术的发展，实现科学传播方式的创新，推进科普讲解的规范化、标准化，开展科普讲解竞技活动，提高讲解能力和技巧。促进科普展览内容和展览形式的创新，倡导快乐科普理念，增强参与、互动、体验内容。大力应用 VR（虚拟现实）、AR（增强现实）、MR（混合现实）技术，开发科普互动展品、产品，丰富科普内容和传播方式。

（四）加强重点领域科普工作

建立起经常性与应急性相结合的科普工作机制，做好重点领域常态化科普工作，加强社会热点和突发事件的应急科普工作。

1. 做好重点领域科普。围绕信息技术、生物、航天、航空、核、海洋、高端装备制造、新能源、新材料、健康等高新技术产业和战略新兴产业开展形式多样的科普工作，提高公众对战略性新兴产业的认知水平，为产业转型升级，促进经济保持中高速增长奠定良好群众基础。

2. 及时开展应急科普。普及绿色低碳、生态环保、防灾减灾、科学生活、安全健康、节约资源、应急避险、网络安全等知识，针对环境污染、重大灾害、气候变化、食品安全、传染病、重大公众安全等群众关注的社会热点问题和突发事件，及时解读，释疑解惑，做好舆论引导工作。结合重大热点科技事件，组织传媒与科学家共同解读相关领域科学知识，引导公众正确理解和科学认识社会热点事件。对涉及公众健康和安全的工程项目，建立面向公众的科学听证制度，扩大公众对重大科技决策的知情权和参与能力。

3. 发挥品牌活动示范。继续组织实施好"科技活动周"、文化科技卫生"三下乡"、"公众科学日"、"中国航天日"、"科普日"、"院士专家科普巡讲"、"科技列车行"、"科学使者校园行"、"航海日"等品牌科普活动。针对新时期群众性科技活动特点，创新活动手段、丰富活动内容、提升活动效果，使这些活动在时间上延续、在空间上拓展。结合世界地球日、环境日、海洋日、气象日、国际博物馆日等国际纪念日，我国传统节日、防灾减灾日、安全生产月、文化和自然遗产日等，组织开展形式多样、各具特色的主题科普活动。针对新时期农民对科技的需求，创新科普服务的载体和方式，拓展服务的渠道和范围，提升科普服务的水平和质量，深入广泛开展科技特派员、科技入户、科技 110、科技专家和致富能手下乡等农村科普活动。鼓励有条件的农村职业学校、成人教育机构、中小学建立科普实验室、科技创新（操作）室、创新屋，使科技人员、科技活动常下乡、常在乡。

4. 提升科普服务能力。推动科技馆、博物馆、少年宫、图书馆、文化馆、基层综合性文化服务中心、公园、动植物园、自然风景区等面向公众开展贴近生产、生活的经常性科普活动，增强科技吸引力，提升科普服务效果。及时通过科普讲座、科普讲解、科学实验演示等方式向社会宣传前沿科技知识，实现高端科技资源科普化。推动高新技术企业、军工企业对公众或特定人员开放研发机构、生产设施，组织开展各种观摩体验活动，让公众近距离感受现代制造业和现代服务业的科技含量。充分利用科普活动站（室）、科普宣传栏、流动科技馆等多种载体，采用群众喜闻乐见的形式，以普及知识、更新观念和传授技能为重点，切实加强对基层，特别是贫困、边远地区群众的科普服务能力。

5. 加强少数民族科普。针对少数民族地区特点，根据少数民族群众对科技的需求，开展适合少数民族特点的双语科普活动，创作、编印制作少数民族文字或双语科普作品。加强流动科普服务队、科普大篷车、流动科技馆建设，将科普服务延伸到少数民族集聚点、流动居住地等。结合少数民族传统节日开展科普志愿服务活动。

（五）推动科普产业发展

1. 促进科普产业发展。以公众科普需求为导向，以多元化投资和市场化运作的方式，推动科普展览、科技教育、科普展教品、科普影视、科普书刊、科普音像电子出版物、科普玩具、科普旅游、科普网络与信息等科普产业的发展。鼓励建立科普园区和产业基地，研究制定科普产业相关技术标准和规范，培育一批具有较强实力和较大规模的科普设计制作、展览、服务企业，形成一批具有较高知名度的科普品牌。

2. 培育科普产品市场。打造科普产品研发、生产、推广、金融全链条对接平台，大力培育科普企业，开发科普新产品，促进科普产业聚集，增强市场竞争力。鼓励举办科普产品博览会、交易会，建设科普产品市场和交易平台，加大对重点科普企业产品的政府采购力度。

3. 开发科普旅游资源。科普场馆、科普机构等加强与旅游部门的合作，提升旅游服务业的科技含量，开发新型科普旅游服务，推荐精品科普旅游线路，推进科普旅游市场的发展。旅游服务设施要发挥科普功能，开发和充实旅游景区（点）、乡村旅游点等旅游开放场所的科普内容，制定科普旅游设施与服务标准与规范。探索新型的科普旅游形式，满足公众对科普旅游日益增长的社会需求。

4. 促进创新创业与科普结合。推进科研与科普的结合，在国家科技计划项目实施中进一步明确科普义务和要求，项目承担单位和科研人员要主动面向社会开展科普服务。促进创业与科普的结合，鼓励和引导众创空间等创新创业服务平台面向创业者和公众开展科普活动。推动科普场馆、科普机构等面向创新创业者开展科普服务。鼓励科研人员积极参与创新创业服务平台和孵化器的科普活动，支持创客参与科普产品的设计、研发和推广。

（六）营造鼓励创新的文化环境

营造崇尚创新的文化环境，加快科学精神和创新价值的传播塑造，动员全社会更好理解和投身科技创新。营造鼓励探索、宽容失败和尊重人才、尊重创造的氛围，加强科研诚信、科研道德、科研伦理建设和社会监督，培育尊重知识、崇尚创造、追求卓越的创新文化。

1. 大力弘扬科学精神。紧紧围绕培育弘扬社会主义核心价值观，把弘扬科学精神作为社会主义先进文化建设的重要内容。大力弘扬求真务实、勇于创新、追求卓越、团结协作、无私奉献的科学精神。鼓励学术争鸣，激发批判思维，提倡富有生气、不受约束、敢于发明和创造的学术自由。引导科技界和科技工作者强化社会责任，报效祖国，造福人民，在践行社会主义核心价值观、引领社会良好风尚中率先垂范。

坚持制度规范和道德自律并举原则，建设教育、自律、监督、惩治于一体的科研诚信体系。积极开展科研诚信教育和宣传。完善科研诚信的承诺和报告制度等，明确学术不端行为监督调查惩治主体和程序，加强监督和对科研不端行为的查处和曝光力度。实施科研严重失信行为记录制度，对于纳入严重失信记录的责任主体，在项目申报、职位晋升、奖励评定等方面采取限制措施。发挥科研机构和学术团体的自律功能，引导科技人员加强自我约束、自我管理。加强对科研诚信、科研道德的社会监督，扩大公众对科研活动的知情权和监督权。倡导负责任的研究与创新，加强科研伦理建设，强化科研伦理教育，提高科技工作者科研伦理规范意识，引导企业在技术创新活动中重视和承担保护生态、保障安全等社会责任。

2. 增进科技界与公众互动互信。加强科技界与公众的沟通交流，塑造科技界在公众中的良好形象。在科技规划、技术预测、科技评估以及科技计划任务部署等科技管理活动中扩大公众参与力度，拓展有序参与渠道。围绕重点热点领域积极开展科学家与公众对话，通过开放论坛、科学沙龙、科学咖啡馆、科学之夜和展览展示等形式，创造更多科技界与公众交流的机会。加强科技舆情引导和动态监测，建立重大科技事件应急响应机制，抵制伪科学和歪曲、不实、不严谨的科技报道。

3. 培育企业家精神与创新文化。大力培育中国特色创新文化，增强创新自信，积极倡导敢为人先、勇于冒尖、宽容失败的创新文化，形成鼓励创新的科学文化氛围，树立崇尚创新、创业致富的价值导向，大力培育企业家精神和创客文化，形成吸引更多人才从事创新活动和创业行为的社会导向，使谋划创新、推动创新、落实创新成为自觉行动。引导创新创业组织建设开放、平等、合作、民主的组织文化，尊重不同见解，承认差异，促进不同知识、文化背景人才的融合。鼓励创新创业组织建立有效激励机制，为不同知识层次、不同文化背景的创新创业者提供平等的机会，实现创新价值的最大化。鼓励建立组织内部众创空间等非正式交流平台，为创新创业提供适宜的软环境。加强科技创新宣传力度，报道创新创业先进事迹，树立创新创业典型人物，进一步形成尊重劳动、尊重知识、尊重人才、尊重创造的良好风尚。

4. 优化有利于创新的科研环境。改进高校、科研院所评价标准，实行科技人才分类评价，对从事不同科研活动的人员采取不同的评价指标与方法。倡导百家争鸣、百花齐放的学术研究氛围，学术研究中要尊重科学家个性，鼓励敢于冒尖，质疑探索。加强批判性思维和创新创业教育，在全社会形成鼓励创造、追求卓越的价值导向，推动创新成为民族精神的重要内涵。营造宽松包容的科研氛围，保障科研人员学术自由。充分发挥学术共同体的作用，鼓励不同领域和组织的学者合作创新。促进公众了解创新环境和创业历程，承认创新价值。创新投资意识和投融资手段，健全适合创新创业特点的收益分配、风险投资和社会保障体系，发展众创空间、创新工场、创业咖啡、创业集训营等多种形式的创业辅导场所。引导创业组织加强内部创新文化建设，形成开放、平等、民主的组织文化。

（七）积极开展国际交流与合作（略）

（八）加强国防科普能力建设（略）

四、主要措施（略）

后　记

在本书撰写过程中，我们得到了多位专家学者和朋友的热忱帮助。重庆大学公共管理学院张礼建教授及其博士生向礼晖参与了科普信息化的市场机制探索的研究，并提供了合作研究的成果；中国科学院计算机网络信息中心肖云主任及黎文高级工程师支持开展了科普融合创作与传播团队的问卷调查，并与我们合作探索科普创作与传播的新机制。北京科学技术期刊学会林育智先生参与了本书部分章节重要问题的研讨。科学出版社张莉编辑为本书的出版付出了大量的精力，她一丝不苟、孜孜不倦地进行了全书文字的编辑，保障了图书的出版质量和时效性。在此，向上述各位表示最衷心的感谢。

本书的撰写时间跨度相对较长，为了尽可能精准地阐述科普信息化的本质特征和发展现状，全体作者对核心内容反复斟酌和及时修正调整。即便如此，本书仍然可能存在许多不足之处，敬请各位读者不吝批评指正，以便在今后的研究工作中进一步修改完善。

全体作者

2017年9月